工程测量实验教程

范厚江　主编

中国商业出版社

图书在版编目（CIP）数据

工程测量实验教程 / 范厚江主编. -- 北京 : 中国
商业出版社, 2023.11
ISBN 978-7-5208-2776-8

Ⅰ. ①工… Ⅱ. ①范… Ⅲ. ①工程测量 – 实验 – 高等
学校 – 教材 Ⅳ. ①TB22-33

中国国家版本馆CIP数据核字（2023）第238792号

责任编辑：王　静

中国商业出版社出版发行

（www.zgsycb.com　100053　北京广安门内报国寺1号）

总编室：010–63180647　编辑室：010–83114579

发行部：010–83120835/8286

新华书店经销

定州启航印刷有限公司印刷

*

787毫米×1092毫米　16开　7印张　130千字

2023年11月第1版　2024年1月第1次印刷

定价：68.00元

* * * *

（如有印装质量问题可更换）

前言 Preface

　　工程测量作为一门实践性、操作性很强的专业技术课程，学生在学习时不仅要掌握坚实的理论支撑，还要积极参与实践，积累经验。学生如果对于现场实践操作缺乏一定的了解，那么即使理论知识再丰富，进入施工现场后，也会不知所措。尤其对于刚刚参加工作的人来说，理论知识和实践经验的脱节，会成为他们快速适应工作岗位的第一大障碍。

　　本书得到宜宾学院教材建设项目资助（项目编号：409-JC202102）。本书旨在帮助学生巩固课堂所学理论知识，培养学生的实践动手能力，提高学生野外实测作业的基本技能，提高地理科学素养。为便于学生对测量基本原理的理解，本书从传统测量方法与仪器操作着手，实验安排与理论课程同步进行。同时，考虑到现代测绘技术日新月异，亦对相应的实验教学做了介绍。本书分为四章：第一章介绍实验实习须知；第二章为实验实习总体要求；第三章为测量实验项目及实验报告，包括水准测量、角度测量、距离测量、导线测量等测量方法的实施；第四章是测量综合实习指导。本书中介绍的所有实验，不仅包含实验目的、内容、要求与实验条件及步骤，还包括学生要完成的实验报告及思考题。

　　由于编者水平有限，书中难免有疏漏之处，恳请广大读者批评指正。

作者

2023 年 6 月

目 录 Contents

第一章 实验实习须知

一、实验实习项目设置

本书适用于普通高等院校环境工程、安全工程、地理科学、资源环境与城乡规划管理等专业。由于各个专业人才培养方法和教学侧重点的差异，本书为了更好地服务于各个专业，列出了实验实习项目设置（见表1-1），各任课教师可根据自己的教学大纲灵活组织教学。

表 1-1　实验实习项目设置

	实验实习项目	实验要求	实验类型	每组人数 /人	建议学时 /h
实验一	水准仪的认识和使用	必修	验证性	4	2
实验二	水准测量	必修	验证性	4	2
实验三	水准仪的检验与校正	必修	验证性	4	2
实验四	经纬仪的认识和使用	必修	验证性	4	2
实验五	测回法测量水平角	必修	验证性	4	2
实验六	方向观测法测量水平角	必修	验证性	4	2
实验七	竖直角与视距测量	必修	验证性	4	2
实验八	经纬仪的检验与校正	必修	验证性	4	2
实验九	钢尺量距与罗盘仪的使用	必修	验证性	4	1
实验十	全站仪的认识和使用	选修	演示性	4	2
实验十一	GPS 的认识和使用	选修	演示性	4	2
实验十二	地形测量（量角器配合经纬仪测图法）	选修	综合性	4～5	2
实验十三	建筑物轴线交点的放样（测设）（全站仪法）	选修	综合性	4～5	2
实验十四	碎部测量	必修	综合性	2～3	2
实验十五	施工放样	选修	综合性	4～5	2
实验十六	四等水准测量	选修	综合性	4～5	4
实验十七	导线测量	选修	综合性	4～5	4
实习1	数字化测图教学实习	选修	综合性	4～5	6
实习2	大比例尺地形图的测绘	选修	综合性	4～5	8

二、实验一般要求

测量工作的完成需要团队成员之间的默契配合，因此测量实验需要以小组为单位，组内成员之间要合理分工，相互配合。详细实验要求及注意事项如下。

（1）每次上实验课前，学生应当认真阅读教材中关于本次实验课程的实验仪器介绍，务必清楚实验目的、要求、步骤以及其他注意事项。

（2）实验以小组的形式进行，每组人数为 4～5 人，学习委员或班长提前向任课教师提供本班学生分组的名单，确定小组组长。实验开始前，各小组事先准备好计算器、铅笔、垫板、小刀、橡皮等。

（3）实验在规定的时间内于室外场所进行，任何人不得无故缺席或迟到，实验现场严禁打闹玩耍；听从指导老师安排，不得随便改变实验地点。

（4）学生如果是第一次接触仪器，在指导老师讲解并确认可以开箱之前，禁止私自开箱，以免造成仪器损坏。

（5）在实验进行前，小组依次进入实验室，组长凭身份证或学生证借用测量仪器和工具。

（6）在实验进行时，小组长根据组内成员情况，对各个成员进行合理分工、轮换，保证每个成员能完整地参与实验的每一个过程。

（7）实验结束后，向指导老师递交实验测量数据记录表和实验报告，同时应清点仪器工具，及时归还。若发现仪器工具有损坏和遗失的，应及时报告指导老师或者仪器管理人员。

三、测量仪器的使用规则

为保证测量质量，延长测量仪器的使用寿命，学生在搬运测量仪器的过程中，需要小心谨慎，严格按照指导老师的要求，小心轻放，精心爱护仪器，因为测量仪器是精密光学仪器或是光、机、电一体化贵重设备。对仪器的正确使用是测量人员必须具备的素质，仪器的搬运和使用严格遵守下列规则。

（一）仪器的携带

（1）搬运携带仪器前，应调整制动螺旋，使望远镜物镜对准度盘中心。若为水准仪，物镜应向后，防止物镜镜头遭撞击损坏。

（2）携带仪器迁站/移动时，应先检查仪器的连接螺旋是否牢靠。携带时必须一手握住仪器的基座或支架，一手抱住三脚架，近乎垂直地搬移，严禁将三脚架横放于肩上。若移动距离较长，则应将仪器装箱后携带（携带前检查仪器箱内工具是否完整）。装箱时，检查仪器箱是否扣紧，拉手和背带有无松动。

（二）仪器的使用

（1）打开三脚架，根据测量人员身高伸缩三个架腿，高度大概与测量人员肩部对齐后拧紧架腿侧面的连接螺旋，将三个架腿在地面摆开，连线基本成等边三角形后，把三脚架各脚插入土中，用力踩实，使脚架放置稳妥。若是在水泥地面等坚固路面进行观测，则需要注意地面是否打滑，以免仪器被摔坏。

（2）开箱取出仪器时切记不能暴力开箱，仪器箱开启后先看清仪器在箱中的摆放位置，以免装箱时遇到困难。

（3）从箱中取出仪器时，应用双手分别握住仪器基座或望远镜的支架下部，取出仪器后小心地安置在三脚架上并立即旋紧三脚架上用来连接仪器的中心连接螺旋，做到连接牢固。（旋紧连接螺旋至刚好旋转不动为宜，不宜过松或过紧）

（4）取出仪器后，要将仪器箱盖随手关好，以防灰尘等杂物进入箱中。仪器箱不能承重，箱面上不得坐人，更不可以用来垫脚观测。

（三）外业作业要求

（1）不要用手触摸仪器的光学部件（如镜头等），严禁用手帕、纸张等物擦拭仪器镜头。

（2）外业观测时，应先松开仪器的制动螺旋，使用微动螺旋前要将制动螺旋拧紧，注意调整目镜调焦螺旋、物镜调焦螺旋、基座的脚螺旋以及各种微动螺旋时适度即可，不能强行旋至两端，以免损坏螺旋。

（3）若是沿着道路进行设站，仪器应尽量靠路边安放，避免车辆和行人碰撞仪器，并保证一直有观测人员在仪器周围，做到"人不离仪器"，以防止其他无关人员拨弄仪器。

（4）观测时，仪器的转动应平稳进行，按规定方向旋转，切不可盲目转动，尽量不要用手扶仪器的脚架，以免碰动仪器，影响观测精度。

（5）全站仪作业时尽量避免高压和变压器等强电磁场的干扰，不要随便改变仪器的常数设置，也不要将望远镜对着太阳或者对着别人。

（6）GPS 测量操作时应尽量将基站安置在空旷、信号良好的位置，避免安置在大树或者大型建筑物遮挡的地方，另外也不宜安置在电线正下方或变压器旁边。

（7）在太阳下或细雨中使用仪器时，必须撑伞保护仪器。特别要注意仪器不得受潮，雨大时必须停止观测。

（四）仪器的装箱

（1）用完仪器后，应立即清除仪器和箱子上的灰尘杂质以及三脚架上面的泥土。

（2）将仪器的各个制动螺旋松开，装箱后轻轻地尝试盖上，切不可强行装入或装入后强行盖上。确认仪器齐全、箱子盖好后，将制动螺旋拧紧，扣紧仪器箱卡扣，以免仪器在箱内转动，损坏仪器。

（五）其他工具

（1）钢尺使用时，应防止扭转、打结或折断；丈量时防止行人践踏或车辆轧过；量好一段后，必须将钢尺两头拉紧，拾起钢尺行走，不得在地面拖行，以免损坏钢尺刻画。

（2）钢尺使用完后，必须用抹布擦去尘土，涂油防锈。

（3）水准尺、花杆等木制品不可用来抬挑仪器，以免使其弯曲变形；读数时水准尺要用手扶直，不得随手靠在墙壁或树干上，以免倒地损坏，更不能将其当成板凳坐在上面；花杆不得当作标枪或棍棒来玩耍打闹。

（4）所有仪器工具必须保持完整、清洁，不得随意放置，需由专人保管，以防遗失，尤其是测钎、垂球等小件工具。

除以上几点外，所有仪器工具若发生故障，应及时向指导教师汇报，不得自行处理；若有损坏、遗失，应到实验室教师那里进行登记，写书面检查并照价赔偿，不得隐瞒或自行处理，否则将视其情节严重程度取消实习成绩或上报学校，给予校纪处分。

四、外业记录规则

（1）观测数据按规定的表格现场记录。记录应采用 2H 或 3H 铅笔。记录者听到观测数据后应复诵一遍，避免记错。

（2）记录者记录完一个测站的数据后，应当场进行必要的计算和检核，确认无误后，观测者才能搬站。

（3）对错误的原始记录数据，不得涂改，也不得用橡皮擦掉，应用横线划去错误数字，把正确的数字写在原数字的上方，并在备注栏说明原因。

（4）测量实验（实习）结束时，每组提交实验（实习）报告（包括全套原始测量资料）一份，实习结束时还应提交成果图和个人小结。

（5）所有观测成果均需用绘图铅笔（1H～3H）记入手簿，不得用零星纸片记录后再进行转抄。

（6）字体应端正清晰，字体高度稍大于格高的一半。

（7）记录数字要全，不得省略零位，如水准尺读数 1.600 和度盘读数 123° 00′ 0″、115° 06′ 07″ 中的"0"均应填写。

（8）按"四舍六入，逢五奇进偶舍"的取数规则进行计算，如数字 7.383 5 和 7.384 5 取值均为 7.384。

第二章 实验实习总体要求

一、总体目标

　　《工程测量》实验教学是将理论知识和实践相结合的重要教学环节，重在培养学生关于工程测量的测、算、绘等基本技能，从思想上培养学生的团队合作精神，从测量的准备、计算和校核全过程培养学生严谨求实的"工匠精神"，让学生通过野外测绘实践学习，体会测量人吃苦耐劳、坚忍不拔的工作作风。在学习工程测量理论知识的基础上，通过课堂实验，掌握测量仪器的操作和使用方法，培养实际动手能力，进一步理解、巩固和丰富测量理论和实践知识，培养和提高理论联系实际及知识的综合应用能力。本教程共包括 17 个实验和 2 个实习，其中验证性实验 9 个，演示性实验 2 个和综合性实验、实习 8 个，涵盖了《工程测量》课程的水准测量、角度测量、距离测量与直线定向、全站仪及 GPS 的使用、小地区控制测量、地形测量和建筑施工测量等知识面的主要的实验性教学环节，是实习前必需的教学过程。

二、适用专业年级

　　本实验的开设适用于本科院校非测绘专业开设的测绘类课程所有学生。

三、先修课程

　　高等数学、画法几何、计算机文化基础、地质学、地理信息科学等。

四、实验实习项目及内容

　　实验实习项目及内容如表 2-1 所示。

表 2-1　实验实习项目及内容

实验实习项目		实验实习项目内容及目的要求
实验一	水准仪的认识和使用	认识水准仪型号，学会整平和读数
实验二	水准测量	完成闭合 / 符合水准路线的测量
实验三	水准仪的检验与校正	掌握水准仪的校正方法
实验四	经纬仪的认识和使用	了解不同型号经纬仪，掌握经纬仪的构造及测角原理

实验实习项目		实验实习项目内容及目的要求
实验五	测回法测量水平角	掌握度盘的配置方法、测回法测角的观测顺序、记录和计算方法
实验六	方向观测法测量水平角	掌握方向观测法的观测顺序，置盘规则；掌握2C值、归零方向值、归零差等参数的计算
实验七	竖直角与视距测量	掌握竖直角测量的操作及计算，了解指标差的概念及计算方法
实验八	经纬仪的检验与校正	掌握经纬仪的校正方法
实验九	钢尺量距与罗盘仪的使用	认识各种类型钢尺，了解罗盘测角方法
实验十	全站仪的认识和使用	认识全站仪的构造，掌握全站仪上面各个按键的功能
实验十一	GPS 的认识和使用	了解 GPS 机的构造和组成、学会将 GPS 与手簿连接，测量点坐标
实验十二	地形测量（量角器配合经纬仪测图法）	掌握量角器配合经纬仪测角度的传统测量方法
实验十三	建筑物轴线交点的放样（测设）（全站仪法）	了解用某种型号的全站仪直接放样房屋轴线交点三维坐标的方法
实验十四	碎部测量	掌握地面点测量和绘制的具体方法
实验十五	施工放样	熟悉测设数据的计算方法，掌握测设基本量的测设方法和点位测设的方法
实验十六	四等水准测量	掌握四等水准测量的技术指标、测站及测量数据的校核方法
实验十七	导线测量	掌握导线测量的观测、记录、计算方法
实习 1	数字化测图教学实习	—
实习 2	大比例尺地形图测绘	—

五、实验实习环境

实验实习全部采用室外分组开展的形式。

六、实验实习总体要求

通过实验教学，达到以下几点总体要求。

（1）学生掌握常用测量仪器（经纬仪、水准仪等）的使用方法和手簿的记录、计算方法。

（2）让学生理解常用测量仪器的检验校正方法。

（3）让学生掌握水准测量、角度测量、距离测量、导线测量以及基本的地形图测绘方法（以 1 ∶ 500 地形图测绘为例）等基本方法、操作程序和限差要求。

（4）让学生理解和掌握建筑物轴线交点的放样的基本方法、操作程序和限差要求。

（5）学生掌握 GPS 的操作和点坐标的测量方法。

（6）学生团队能借助仪器独立完成大比例尺地形图的测绘。

第三章 测量实验项目及实验报告

实验一：水准仪的认识和使用

一、实验目的与要求

（1）掌握 DS3 级水准仪的基本构造，主要包括 DS3 微倾式水准仪和自动安平水准仪，熟记各个部分的名称和作用。

（2）反复练习水准仪的操作：安置—照准—精平—读数。注意：自动安平水准仪无须精平。

（3）掌握水准测量原理、两点高差的测量和计算方法。

二、准备工作

（1）地面任意选定两个点 A、B，两点距离 100 m 左右为宜。

（2）在 A、B 两点利用尺垫做出标记，在两点立尺，仪器大致安置在 A、B 两点的中点处。改变仪器高度，两次安置仪器求高差，若高差较差在 ±5 mm 内，则取平均值作为 A、B 两点高差。

三、仪器和工具

DS3 级水准仪 1 台，水准尺 2 根，伞 1 把，记录板 1 块。

四、人员组成

每组人数为 4～5 人，观测、记录、计算、立尺可以轮换进行操作。

五、方法和步骤

（一）安置仪器

取出三脚架，其直立高度大概与测量员肩部齐平后，将三脚架张开，架头大致水平，并将脚尖踩入土中，若测量地面为水泥地等坚固地面，则需防止架腿打滑，损坏仪器。最后从仪器箱中取出仪器，利用三脚架上的连接螺旋将其固连在三脚架上，螺旋连接不宜过紧或过松，以免损坏仪器。

（二）认识仪器

水准仪的构造如图 3-1 所示，根据图 3-1 指出仪器各部件的名称，了解其作用并熟悉其使用方法，同时弄清水准尺的分划与注记。

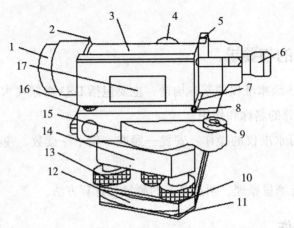

1—望远镜物镜；2—准星；3—护罩固定螺丝；4—物镜调焦螺旋；5—缺口；6—望远镜目镜；7—连接簧片；8—水准放大镜；9—圆水准器；10—三角压板；11—三角底板；12—基座；13—脚螺旋；14—固定螺丝；15—微动螺旋弹簧座；16—目镜组固定座；17—水准管。

图 3-1　水准仪构造图

（三）粗略整平

粗略整平的目的是使圆水准器气泡居中，竖轴铅直、视线大致水平。

方法一：观察气泡位置，双手同时向内（或向外）转动一对脚螺旋，使圆水准器气泡与另一螺旋的连线垂直于转动的两个脚螺旋，再转动另一只脚螺旋，使圆气泡居中，如图 3-2 所示。注意气泡移动的方向与左手拇指或右手食指运动的方向一致。

（a）　　　　　　　　　　　　　　　　　（b）

图 3-2　圆水准器粗略整平

方法二：如果测量工作是在坚固的地面进行，可前后左右摆动某一支三脚架架腿，使圆水准器气泡居中，注意气泡在的一方偏高。

（四）水准尺的瞄准、精平与读数

1. 瞄准

（1）粗瞄。甲将水准尺立于某地面上某固定点上，乙松开水准仪制动螺旋。先将望远镜对向明亮的背景，转动目镜调焦螺旋进行对光，使十字丝分划清晰可见。转动水准仪望远镜，用准星和照门粗略瞄准水准尺后，拧紧制动螺旋，转动微动螺旋，使十字丝竖丝平分水准尺，调节物镜调焦螺旋，使水准尺成像清晰。

（2）精瞄。继续调节水平微动螺旋，使十字丝竖丝靠近水准尺一侧，判断是否存在视差。若存在视差，则应仔细地反复进行目镜和物镜对光消除视差。视差指的是物镜调焦后，眼睛在目镜端上下做少量移动，发现十字丝与水准尺影像有相对运动现象。产生视差的原因是目标通过物镜所成的像没有与十字丝平面重合。视差的存在将影响观测结果的准确性，应予消除。

2. 精平

精平是转动微倾螺旋使水准管气泡两端的半影像，即成一圆弧状，其目的是使视准轴处于精确水平位置。

3. 读数

读数时注意水准尺的刻画注记形式和特点、水准仪的正像或倒像。读取十字丝中丝与水准仪交线的读数，读取4位读数，即米、分米、厘米及毫米位。读数时观测员应先估读毫米位，然后按米、分米、厘米及毫米的顺序，一次读出4位数。读数时声音要洪亮、速度要快、准确度要高。

（五）测定地面两点的高差

（1）从地面选定 A、B 两个已知控制点，或任意选定两个较为坚固的点。

（2）将水准仪安置在两点之间，采用合适的办法，如步测法、视距法、钢尺测量法等，使仪器到 A、B 两点的距离大致相等。

（3）将水准尺立于 A 点。望远镜瞄准立于 A 点的水准尺，将水准管气泡调节居中后读数，该读数为后视读数，记入表中测点 A 一行的后视读数栏下。

（4）将水准尺重新立于 B 点，望远镜瞄准 B 上的水准尺读数，读取前视读数（读数前注意精平），将读数记入表中测点 B 一行的前视读数栏下。

（5）A、B 两点的高差：$h_{AB}=$ 后视读数 – 前视读数。

六、注意事项

（1）三脚架要安置稳妥，高度适中，架头接近水平，架腿螺旋要拧紧。

（2）仪器应安置在前、后视距大致相等的位置。每次观测读数前，应消除视差。

（3）立尺时要将水准尺立直，不能倾斜。迁站时应防止摔碰仪器或丢失工具。

（4）每个同学必须至少完成一个测站的仪器操作及数据记录、计算工作。

（5）读数时，应以中横丝读取，由小往大数，记录在手簿中。

七、思考题

（一）填空

（1）水准仪是指能够提供＿＿＿＿＿＿＿＿＿＿的仪器。

（2）水准测量的方法有＿＿＿＿和＿＿＿＿，常用的方法是＿＿＿＿，其观测顺序是＿＿＿＿＿＿＿＿＿＿。

（3）水准仪主要由＿＿＿＿、＿＿＿＿和＿＿＿＿三部分构成。

（4）水准仪进行测量，其操作程序是＿＿＿＿—＿＿＿＿—＿＿＿＿—＿＿＿＿。

（二）简答

（1）水准仪安置在测站上，由后视转成前视，发现圆水准器气泡偏离中心，应如何处理？

（2）高差的正负号是如何确定的？高差的正负号说明什么问题？

（3）什么是视差？在测量中是否需要消除视差，如何消除？

八、实验报告

本实验结束后，填写实验报告，实验前明确实验原理及方法，实验记录正确且符合要求，记录表如表3-1、表3-2所示。

日期＿＿＿＿＿　班级＿＿＿＿＿　小组＿＿＿＿＿　姓名＿＿＿＿＿

（一）完成下列填空

安装仪器后，转动＿＿＿＿使圆水准器气泡居中，转动＿＿＿＿看清十字丝，通过＿＿＿＿粗瞄水准尺，转动＿＿＿＿精确照准水准尺，转动＿＿＿＿使气泡居中，最后读取读数。

（二）完成手簿中高差计算

表 3-1 水准测量手簿（外业记录表）

测 站	点 号		后视读数（mm）	前视读数（mm）	高 差（m）		备 注
					+	−	
	后						
	前						
	后						
	前						
	后						
	前						
	后						
	前						
	后						
	前						
	后						
	前						

表 3-2 水准仪各部件的功能

部件名称	功 能
准星和照门	
目镜对光螺旋	
物镜对光螺旋	
制动螺旋	
微动螺旋	
微倾螺旋	
脚螺旋	
圆水准器	
管水准器	

实验二：水准测量

一、实验目的与要求

（1）进一步熟悉 DS3 型水准仪的构造及假设方法，分组对水准测量的观测、记录、计算、检核进行练习。

（2）掌握闭合水准路线高差闭合差的计算方法及待测点高程的计算方法。

二、准备工作

指导老师指定若干已知点，各小组从该已知高程点 BM_A 出发，自由选定路线，途经待测高程点 B、C、D，最后测回到出发点 BM_A，通过计算检核、测站检核、路线检核，求出测点 B、C、D 的高程。以图根水准测量为例，其高差闭合差的容许值为 $f_{h容}=\pm 12\sqrt{n}$ mm（n 为测站数）或 $f_{h容}= \pm 40\sqrt{L}$ mm（L 为水准路线长度）。

三、仪器和工具

每组 DS3 级水准仪 1 台，水准尺 2 根，尺垫 2 块，伞 1 把，记录板 1 块，铅笔、橡皮、直尺等工具自行准备。

四、人员组成

每 4 人一组，其中立尺 2 人，观测 1 人，记录 1 人，小组成员轮换操作。

五、方法和步骤

（1）指导老师指定已知点 BM_A 和待测点 B、C、D，事先带领学生熟悉施测路线，各组须知晓各点所在位置，由全组统一施测一条闭合水准路线，测站数以 8 个为宜（每个测段 2 个测站），路线前进方向自行决定。

（2）将水准仪安置于起点 A 与转点 TP_1（转点处必须放尺垫）之间，目估或者步测，使仪器到前视尺和后视尺的距离大致相等，进行粗平、对光、调焦、消除视差的工作，将测站编号为 1。

（3）望远镜后视，瞄准 A 点上的水准尺，读取后视读数，记入手簿。

（4）望远镜前视转点（TP_1）上的水准尺，读取前视读数，记入手簿。

（5）测站检核与高差计算。

变换仪高法：将三脚架升高（或降低）10 cm 左右，重复（3）与（4）步骤。若两次测量的高差不超过《工程测量规范》的容许值（如图根水准测量容许值为 ±6 mm），可取两次测量的平均值作为高差值；若变换仪器高后，两次测量差值超过规定的容许值，则需要进行重新测量。

双面尺法：保持仪器高度不变，分别利用双面水准尺的红面和黑面测量同一测站两点的高差。如同一测站，水准尺红面读数 –（黑面读数＋常数之差）≤ 3 mm（注：双面尺常数为 4 687 或 4 787），或者红面尺高差 – 黑面尺高差 ≤ 5 mm，可以取两次测量平均值作为最后结果，否则需要重测。

（6）第一个测站测量完成后，可迁至第二个测站继续观测。沿选定路线的前进方向，第一个测站的尺垫和前视尺保持不动（切记前视尺尺垫不动），后视尺向前迁移至待测点 B 点，将仪器向前移动到 TP_1 和点 B 的中间，测量方法与第一测站一样。需要注意的是，此时第一个测站的前视点是第二个测站的后视点，即后视 TP_1，前视 B 点，依次连续设站，经过点 C 和点 D 连续观测，最后回到已知点 BM_A。

（7）计算检核：所有测站的后视读数之和减前视读数之和应等于高差之和。

$$\sum h = \sum a - \sum b$$

（8）计算高差闭合差，若高差闭合差不大于高差闭合差容许值，则按测站数或距离成比例反号分配。

（9）计算待定点高程：根据已知高程点 A 的高程和各点间改正后的高差 $h_{改}$，计算 B、C、D、A 四个点的高程，最后计算的 A 点高程应与已知值相等，作为计算检核的依据。

六、注意事项

（1）在每次读数之前，应使水准管气泡严格居中，并消除视差。

（2）应使前视、后视距离大致相等。

（3）在已知高程点和待定高程点上不能放置尺垫。转点用尺垫时，应将水准尺置于尺垫半圆球的顶点上。

（4）尺垫应踏入土中或置于坚固地面上，在观测过程中不得碰动仪器或尺垫，迁站时前视点尺垫不得移动。

（5）水准尺必须扶直，不得前后倾斜。

（6）若高差闭合差超限，应重测。

七、思考题

（1）转点是指_____，其作用是_____。

（2）测量时，记录员应对观测员读的数值再_____一遍，无异议时，才可记录在表中。记录有误，不能用橡皮擦拭，应_____。

（3）水准测量时，尺竖立不直会使读数值比正确读数_____。

（4）水准路线的布设形式有_____、_____和_____。

（5）水准尺上的最小刻画是_____，估读到_____。

（6）某测站的高差 h_{AB} 为负值时，表示_____高，_____低。

八、实验报告

小组完成实验报告，实验结束后提交，实验记录准确，符合要求，记录表如表3-3、表3-4所示。

表3-3　普通水准测量记录表

自_____测至_____日期：_____观测员：_____
仪器：_____天气：_____组号：_____记录员：_____

测 站	点号	后视读数	前视读数	高 差		平均高差	备 注
				+	−		

续 表

测 站	点号	后视读数	前视读数	高 差		平均高差	备 注
				+	−		
检校		$\sum a =$ $\sum b =$ $\sum h = \sum a - \sum b =$				$\sum h =$	

表 3-4　高差闭合差的计算和调整

测段编号	点　名	测站数	实测高差（m）	改正数（m）	改正后高差（m）	高程（m）	备　注
1							
2							
3							
4							
5							
Σ							
	$f_h = \Sigma h$ $n =$ $f_{h容} = \pm 40 \sqrt{L} =$						

实验三：水准仪的检验与校正

一、实验目的与要求

（1）了解微倾式水准仪或自动安平水准仪各轴线间应满足的几何条件。

（2）掌握水准仪检验与校正的方法。

（3）通过检校掌握水准测量施测时粗平和精平的原因。

二、准备工作

根据指导老师提示，厘清检校原理，掌握校检方法和原理。重点掌握主要条件检校步骤和方法，其他条件检校到误差不显著即可（掌握方法不强求精度）。

三、仪器和工具

DS3 级水准仪 1 台，水准尺 2 根，皮尺 1 卷，木桩（或尺垫）2 块，锤子 1 把，拨针 1 枚，螺丝刀 1 把，伞 1 把，记录板 1 块。

四、人员组成

每 4 ～ 5 人为一组，轮流校正。

五、方法和步骤

（一）常规检验

仪器安置好后，小组成员检查三脚架是否牢固，制动螺旋、微动螺旋、微倾螺旋、调焦螺旋、脚螺旋等是否有效，观察望远镜成像是否清晰。

（二）圆水准器轴应平行于仪器竖轴的检验与校正

1. 检验

转动脚螺旋，使圆水准器气泡居中，将仪器绕竖轴旋转 180° 以后，如果气泡仍居中，说明此条件满足；如果气泡偏出分划圈之外，则需校正，如图 3-3 所示。

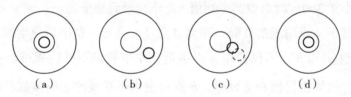

（a）　　　　（b）　　　　（c）　　　　（d）

图 3-3　气泡移动方向

2. 校正方法

稍微松开圆水准器底部中央的固紧螺旋，然后用拨针拨动圆水准器校正螺丝，使气泡向居中的方向移动一半，此时旋转脚螺旋，使圆水准气泡居中，再次重复之前的操作，直到仪器无论如何绕竖轴转动，气泡都居中，旋紧固紧螺旋，如图 3-4 所示。

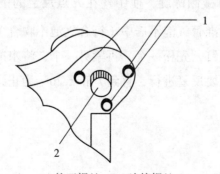

1—校正螺丝；2—连接螺丝。

图 3-4　连接螺旋

（三）十字丝横丝应垂直于仪器竖轴的检验与校正

1. 检验

用十字丝交点瞄准一明显的点状目标 P，转动微动螺旋，若目标点始终不离开横丝，说明此条件满足，否则需校正。

2. 校正

旋下十字丝分划板护罩（有的仪器无护罩），用螺丝刀旋松分划板座三个固定螺丝，转动分划板座，使目标点 P 与横丝重合。反复检验与校正，直到条件满足为止。最后将固定螺丝旋紧，并旋上护罩。

（四）视准轴应平行于水准管轴的检验与校正

1. 检验

在高差不大的地面上选择相距 80 m 左右的 A、B 两点，打入木桩或安放尺垫。将水准仪安置在 A、B 两点的中点 Ⅰ 处，用变仪高法或双面尺法测出 A、B 两点高差，两次高差之差小于 3 mm 时，取其平均值 h_{AB} 作为最后结果。

再安置仪器于 A 点附近的 Ⅱ 处，距离 A 点 2～3 m，精平后分别读取 A 点尺和 B 点尺的中丝读数 a' 和 b'。因仪器距 A 点很近，水准管轴不平行视准轴引起的读数误差可忽略不计，可算出仪器在 Ⅱ 处时，B 点尺上水平视线的正确读数：$b'_0 = a' + h_{AB}$。实际测出的 b' 与计算得到的 b'_0 应相等，则表明水准管轴平行于视准轴；否则，两轴不平行，其夹角为 $i'' = (b' - b'_0)\rho / D_{AB}$。式中 ρ = 206 265″，D_{AB} 为 A、B 两点间的距离。DS3 水准仪的 i 角不得大于 20″，否则应进行校正。

2. 校正

仪器仍在 Ⅱ 处，调节微倾螺旋，使中丝在 B 点尺上的中丝读数移到 b'_0，这时视准轴处于水平位置，但水准管气泡不居中（符合气泡不吻合）。用校正针拨动水准管一端的上、下两个校正螺钉，先松一个，再紧另一个，将水准管一端升高或降低，使符合气泡吻合。此项校正要反复进行，直到 i 角 < 20″ 为止，再拧紧上、下两个校正螺钉。

六、注意事项

（1）检校仪器时必须按上述顺序进行，不能颠倒，每项检验至少进行两次，确认无误后才能进行校正。

（2）校正工具要配套，校正针的粗细与校正螺丝的孔径要相适应，以免损坏校正螺丝的校正孔。

（3）拨动校正螺丝时，应先松后紧，松紧适当，校正完毕后，校正螺丝应处于稍紧的状态。

七、思考题

（一）填空

（1）水准点的符号用英文字母_____表示。

（2）水准仪的上下丝又称为_____。

（3）水准仪的主要轴线是_____、_____、_____和_____。

（4）水准测量时对前后视距的要求是_____。

（5）用水准仪望远镜筒上的准星照准水准尺后，在目镜中看到图像不清晰，应该旋转_____螺旋，若十字丝不清晰，应旋转_____螺旋。

（6）水准仪上圆水准器的作用是使仪器_____，管水准器的作用是使仪器_____。

（7）水准仪的检验和校正的项目有_____、_____、_____。

（二）简答

（1）简述水准测量的基本原理。

（2）在进行水准测量时，注意前、后视距离相等，可消除哪几项误差？

（3）进行水准仪的水准管轴平行于视准轴的检验与校正时，仪器首先放在相距80 m的 A、B 两桩中间，用两次仪器高测得 A、B 的高差 h_1=+0.204 m，然后将仪器移至 B 点近旁，测得 A 尺读数 a_2=1.695 m 和 B 尺读数 b_2=1.466 m。试问：

①根据检验结果，水准管轴是否平行于视准轴？

②如果不平行，视线水平时的正确读数为多少？

③进行校正的方法有哪些？

八、实验报告

本实验结束后，填写实验报告，实验明确实验原理及方法，实验记录正确，符合要求，记录表如表3-5所示。

表 3-5　水准仪检验与校正实验报告

自_____测至_____日期：_____观测员：_____

仪器：_____天气：_____组号：_____记录员：_____

测　站	观测次数	标尺度数		高差（mm）	计　算
		a（mm）	b（mm）		
J_1	1 2 3 4 中数				场地： $J_{1A}=J_{1B}=$ $D_A=$　；$D_B=$ 检验结果： $\Delta=(a_2-b_2)-(a_1-b_1)=$ $i=10\Delta=$ 校正用正确读数： $b=b-\Delta=$ $a=a-2\Delta=$
J_2	1 2 3 4 中数				

实验四：经纬仪的认识和使用

一、实验目的与要求

（1）掌握 DJ6 级经纬仪（电子经纬仪）的基本构造以及主要部件的名称、作用和操作方法。

（2）掌握经纬仪的对中、整平、瞄准与读数的基本操作要领和规律。

（3）要求对中误差＜3 mm，整平误差＜1 格。

二、准备工作

指导老师事先在地面定好测站点，若是坚硬的水泥地可画线，用交叉点表示；若是松软的土地则可在地面打木桩，桩顶处钉一小钉或画十字作为测站点。

三、仪器和工具

DJ6 经纬仪 1 台，木桩 1 根，锤子 1 把，伞 1 把，记录板 1 块。

四、人员组成

指导老师先给全班同学演示仪器的操作全过程示范后，同学每 4 ～ 5 人一组进行独立训练。

五、方法和步骤

（一）经纬仪的安置

（1）松开三脚架，安置于测站上，使高度适当，架头大致水平。打开仪器箱，双手握住仪器支架，将仪器取出，置于架头上。一手紧握支架，一手拧紧连接螺旋。

（2）认识仪器。同学能指出仪器各部件的名称（见图 3-5），了解其作用并熟悉其使用方法。

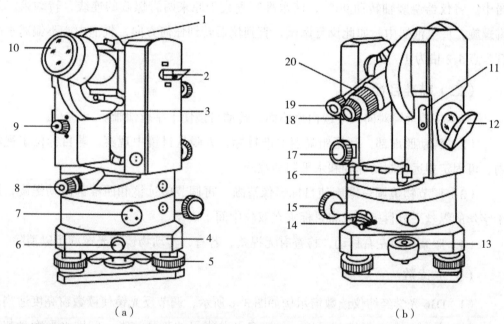

（a）　　　　　　　　　　　　　　　　　（b）

1—望远镜粗瞄器；2—竖盘水准器；3—竖直度盘；4—轴座；5—脚螺旋；6—固定螺旋；7—校正螺丝；
8—光学对中器；9—微倾螺旋；10—物镜；11—竖盘校正螺丝；12—反光镜；13—圆水准气泡；
14—水平制动螺旋；15—水平微动螺旋；16—管水准器；17—竖直制动螺旋；18—目镜调焦螺旋；
19—读数窗；20—物镜调焦螺旋。

图 3-5　DJ6 光学经纬仪构造图

（3）对中。根据经纬的型号不同，对中主要包括激光对中、光学对中和垂球对中三种，本实验介绍垂球对中和光学对中。

若采用垂球对中，挂上垂球，平移三脚架，使垂球尖大致对准测站点，并注意架头水平，踩紧三脚架。稍松连接螺旋，两手扶住基座，在架头上平移仪器，使垂球尖端对准测站点，再拧紧连接螺旋。

若采用光学对中器进行对中，先将仪器中心大致对准测站点，通过调节光学对中器调焦螺旋，使分划板中圈和测站标志点清晰呈现，移动脚架或仪器在架头上平移，使地面标志点位于中圈内，然后逐一松开三脚架腿制动螺旋，伸缩架腿，使圆水准气泡居中，最后用脚螺旋使照准部管水准气泡居中，再次检查对中器与测站点是否有偏离，若发生偏离，再次在架头平移仪器，使其重合，再次检查，若还有偏移，重复之前步骤。

（4）整平。目的是使水平度盘中心与测站点在同一条铅垂线上，水平度盘水准管气泡居中，此时竖轴铅直，度盘水平。松开水平制动螺旋，转动照准部，使水准管平行于任意一对脚螺旋的连线，两手同时向内（或向外）转动这两只脚螺旋，使气泡居中。将仪器绕竖轴转动90°，使水准管垂直于原来两脚螺旋的连线，转动第三只脚螺旋，使气泡居中。如此反复调试，直到仪器转到任何方向，气泡中心不偏离水准管零点 1/2 格为止。

（二）瞄准目标

（1）将望远镜对向天空或白色墙面，转动目镜使十字丝清晰。

（2）转动照准部，利用粗瞄器对准目标，人眼从目镜中观察，若目标位于视场内，可固定望远镜制动螺旋和水平制动螺旋。

（3）调节物镜调焦螺旋使目标影像清晰，再调节望远镜和照准部微动螺旋，用十字丝的纵丝平分目标（或将目标夹在双丝中间）。

（4）眼睛微微左右移动，检查有无视差，若有，转动物镜对光螺旋予以消除。

（三）读数

（1）DJ6 光学经纬仪读数窗示例如图 3-6 所示，调节反光镜使读数窗亮度适当。

（2）旋转读数显微镜的目镜，使度盘及分微尺的刻画清晰，区别水平度盘与竖盘读数窗。

（3）读取位于分微尺上的度盘刻画线所注记的度数，从分微尺上读取该刻画线所在位置的分数，估读至 0.1′，即 6″ 的整倍数。

盘左瞄准目标，读出水平度盘读数，纵转望远镜，盘右再瞄准该目标读数，两次读数之差约为180°，以此检核瞄准和读数是否正确。

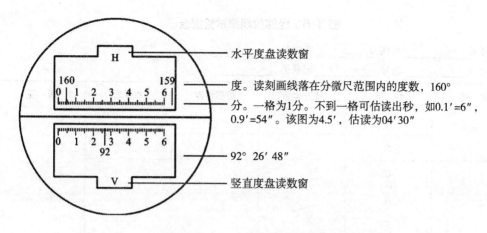

图 3-6 DJ6 光学经纬仪读数窗示例

六、注意事项

（1）经纬仪取出放到三脚架上时，务必一只手拿经纬仪，一只手托住基座的底部，并立即将连接螺旋拧紧，防止仪器滑落。

（2）同学读数时声音要洪亮，记录员做到有呼有应。

（3）使用水准仪时切不可用力过猛，以适当为宜，尽量使用中间部分。

七、思考题

（1）同一方向观测的盘左和盘右值有何差异？为什么会出现这样的差异？

（2）仪器为什么需要进行对中、整平的操作？

八、实验报告

本实验结束后，填写实验报告，记录表如表 3-6、表 3-7 所示。

表 3-6　经纬仪观测试验报告

仪器_____日期_____观测员_____

天气_____组号_____记录员_____

测　站	目　标	盘左读数	盘右读数	水平角	备　注
	A				
	B				
	C				
	D				
	E				
	F				

表 3-7　经纬仪各部件功能

部件名称	功　能
水平制动螺旋	
水平微动螺旋	
望远镜制动螺旋	
望远镜微动螺旋	
竖盘指标水准管	
竖盘指标水准管微动螺旋	
照准部水准管	
度盘变换手轮	

实验五：测回法测量水平角

一、实验目的与要求

（1）掌握测回法测量水平角的观测顺序和水平度盘的配置方法。

（2）掌握测量水平角的方法、记录及计算方法。

（3）每人对同一角度观测一个测回，以 DJ6 经纬仪为例，上、下半测回角值之

差不超过 ±40″，各测回角值互差不大于 ±24″。

二、准备工作

每组同学认真听指导老师对测站和两个观测点的讲解，搬运仪器到达测点，标记两个观测方向的目标点 A、B。同时，掌握测回法测角的观测顺序：先盘左后盘右，盘左顺时针，盘右逆时针。

三、仪器和工具

准备 DJ6 级经纬仪 1 台，花杆 / 测钎 2 根，记录板 1 块，记录用的铅笔，橡皮，直尺等各小组自行准备。

四、人员组成

每组由 4 ～ 5 位同学组成，轮流依次观测同一水平角。

五、方法和步骤

（1）每个小组自行选一测站点 O 安置仪器，将仪器对中、整平操作后，再选定 A、B 两个目标，在目标点立上花杆 / 测钎。

（2）若经纬仪度盘变换器为复测式，盘左观测时，转动照准部后，使水平度盘读数略大于零，将复测扳手扳向下，再去瞄准 A 目标，将扳手扳向上，此时读取水平盘读数 a_1，记入手簿。

如经纬仪为拨盘式度盘变换器，应先瞄准目标 A，后拨度盘变换器，使读数略大于零。

（3）顺时针方向转动照准部，瞄准目标 B，准确读出读数 b_1 并记录，并计算上半测回角值（见图 3-7），图中 $\angle AOB$ 为 $\beta_{左}$，即

$$\beta_{左} = b_1 - a_1 \tag{3-1}$$

（4）如图 3-7 所示，纵转望远镜，切换为盘右，先瞄准目标 B，准确读出读数 b_2 并记录，然后逆时针方向转动照准部，瞄准目标 A，准确读出读数 a_2 并记录，此时盘右下半测回，测得 $\angle AOB$ 为

$$\beta_{右} = b_2 - a_2 \tag{3-2}$$

（5）比较上下半测回角度差，若差值不大于 40″，则可计算一测回角值 β。

$$\beta = 1/2(\beta_左 - \beta_右) \tag{3-3}$$

（6）若需要观测 n 个测回，则每个测回盘左瞄准目标时都需要配置度盘，每个测回度盘读数变化值为 $\dfrac{180°}{n}$（n 为测回数）。观测第二测回时，应将起始方向 A 的度盘读数拨至略大于 $\dfrac{180°}{2} = 90°$，所以此时第二测回度盘读数配置为 90° 或略大于 90°，若最终各测回角值互差不大于 ±24″，则计算平均角值。

图 3-7　测回法观测示意图

六、注意事项

（1）瞄准目标时，尽可能瞄准其底部，以减少目标倾斜引起的误差。

（2）同一测回观测时，切勿误动微动螺旋或制动螺旋，以免发生错误。

（3）观测过程中若发现气泡偏移超过一格，应重新整平，重测该测回。

（4）计算半测回角值时，当左目标读数大于右目标读数时，则应加 360°。

（5）限差要求：上、下半测回角值较差不超过 ±40″，超限应重测。

（6）仪器迁站时，必须先关机，然后装箱搬运，严禁将仪器放在三脚架上直接迁站。

七、思考题

（一）填空

（1）将经纬仪置于三脚架上时，应拧紧_____螺旋。

（2）经纬仪主要由_____和_____两部分构成。

（3）经纬仪的安置包括_____和_____两项工作。

（4）在经纬仪安置过程中，对中的目的是使仪器___与___点位于同一铅垂线上。

（5）瞄准目标时，应先松开_____螺旋和_____螺旋，用_____进行螺旋瞄准。经_____使物像和十字丝清晰，再用_____和_____螺旋精确照准目标。

（6）竖盘位于望远镜的左边称为_____，竖盘位于望远镜的右边称为_____。

（二）简答

（1）经纬仪上有照准部制动螺旋和微动螺旋，还有望远镜制动螺旋和微动螺旋，它们各起什么作用？

（2）在测量角度的过程中，发现圆水准器气泡偏离，但水准管气泡居中或满足整平条件，该如何处理？

（3）简述测回法测量水平角的过程。

八、实验报告

本实验结束后，填写实验报告，实验前预习明确实验原理及方法，实验记录正确，符合要求，记录表如表3-8所示。

表3-8 测回法测水平角

仪器型号：_____ 观测日期：_____ 观测：_____ 计算：_____
仪器编号：_____ 天　气：_____ 记录：_____ 复核：_____

测　回	测　站	盘　位	目　标	水平盘读数 （° ′ ″）	半测回角值 （° ′ ″）	一测回角值 （° ′ ″）	备　注
1		左					
		右					
2		左					
		右					
3		左					
		右					

测 回	测 站	盘 位	目 标	水平盘读数 （° ′ ″）	半测回角值 （° ′ ″）	一测回角值 （° ′ ″）	备 注
4		左					
		右					
5		左					
		右					
6		左					
		右					
7		左					
		右					

实验六：方向观测法测量水平角

一、实验目的与要求

（1）掌握方向观测法测水平角的观测程序、观测使用的记录表的填写方法。

（2）掌握观测记录表中各个参数，比如：归零方向值、归零差、2C 变化值等意义及计算方法。

二、准备工作

指导老师为每个小组选定测点和各个方向点，各个小组成员熟悉本组观测点位。

三、仪器和工具

DJ6 级经纬仪 1 台，花杆 4 根，测钎 4 根，记录板，铅笔，雨伞等。

四、人员组成

以小组为单位，每组成员 4～5 人。

五、方法和步骤

（1）每个小组选择一个测站点（或由指导老师指定）O，在 O 点安置仪器，对仪器进行对中、整平操作后，选定 A、B、C、D 四个目标，也可以由指导老师事先指定。

（2）盘左。瞄准起始目标 A，将水平度盘读数置零，转动照准部 1 周后再次瞄准目标 A，读取读数 $a_{左}$。

（3）顺时针方向转动照准部，依次瞄准目标 B、C、D，最后再次瞄准目标 A，分别读取水平度盘读数 $b_{左}$、$c_{左}$、$d_{左}$、$a'_{左}$，将数据记录在表格里。此时，A 方向盘左两个读数之差（$a_{左}-a'_{左}$）为上半测回归零差。若限差不大于 $12''$，则盘左 A 方向角值为两次读数的平均值。

（4）盘右。转动照准部，将望远镜方向切换，此时切换成盘右，逆时针转动照准部，依次瞄准 A、D、C、B、A 几个目标，瞄准第一个目标读出读数 $a_{右}$，然后依次瞄准并读出读数 $d_{右}$、$c_{右}$、$b_{右}$、$a'_{右}$，此时计算下半测回归零差为 $a_{右}-a'_{右}$，限差若满足要求，盘右 A 方向角值即为该方向两次读数的平均值。

（5）计算。同一方向两倍视准误差 $2C$= 盘左读数 −（盘右读数 ±180°）（$2C$ 值限差 ≤ $18''$，否则应重测）；各方向的平均读数 =1/2[盘左读数 ＋（盘右读数 ±180°）]；将各方向的平均读数减去起始方向的平均读数，即得各方向的归零方向值，起始方向 A 的归零方向值为 0，第一测回结束。

（6）根据每次测量精度需求，若需要进行多个测回观测，各测回的操作、计算方法完全相同，但每个测回起始度盘需要进行配置，度盘变化数为 $\dfrac{180°}{n}$（n 为测回数）。注意各测回角值互差不大于 ±$24''$，最终角度为每个测回角值的平均值。

六、注意事项

（1）应选择远近适中、易于瞄准的清晰目标作为起始方向。

（2）如果方向数只有 3 个时，可以不归零。

（3）应做到随时观测、随时记录、随时检核。

（4）在观测过程中，若发现气泡偏移超过一格时，应重新整平仪器并重新观测该测回。

（5）半测回归零差不得超过 ±18″，同一方向值各测回互差 ±24″。超限应重测。各项误差指标一旦超限，须马上重测。

七、思考题

（一）填空

（1）四个观测目标 A、B、C、D，用方向观测法观测，其观测顺序为：盘左时，_____；盘右时，_____。

（2）归零差是指_____，测回差是指_____。

（3）$2C$ 值是指_____。

（4）用多个测回观测水平角时，各测回起始读数递增_____；假设要观测 4 个测回，则各测回起始读数分别为_____、_____、_____、_____。

（5）DJ6 电子经纬仪的归零差和测回差应不大于_____。

（6）经纬仪由_____和_____两部分构成。

（7）经纬仪对中的目的是_____，整平的目的是_____。

（8）方向观测法适用于有_____个方向的情况，而测回法适用于_____的情况。

（二）简答

（1）用经纬仪观测水平角时，为什么要用盘左和盘右观测，且取其平均值？

（2）上半测回归零差超限是否还应该继续观测下半测回？归零差的超限是什么原因造成的？

（3）简述测回法和方向法观测水平角的异同点。

（4）在一测回观测过程中，发现水准管气泡已偏移了 1 格以上，是调整气泡后继续观测，还是必须重新观测？为什么？

八、实验报告

本实验结束后，填写实验报告，完成下列表格的填写。实验前预习，明确实验原理及方法，实验记录正确，符合要求，记录表如表3-9所示。

表3-9　方向观测法测水平角

仪器型号：_____　观测日期：_____　观测：_____　计算：_____

仪器编号：_____　天　气：_____　记录：_____　复核：_____

测　站	测　回	站　点	水平度盘读数		2C	平均读数	一测回归零方向值	各测回平均方向值
			盘左	盘右				
1	2	3	4	5	6	7	8	9
O	1	A						
		B						
		C						
		D						
		A						
		Δ=						
O	2	A						
		B						
		C						
		D						
		A						
		Δ=						

实验七：竖直角与视距测量

一、实验目的与要求

（1）了解光学经纬仪竖盘的构造及注记形式，了解竖盘指标与竖盘指标水准管的关系，掌握指标差的概念和意义、指标差计算方法和限差规定。

（2）掌握竖直角观测程序和方法、数据记录及角度计算的方法。

（3）了解用望远镜视距丝（上、下丝）读取标尺读数，根据读数计算视距和三角高差的方法，视距、三角高程测量原理和计算公式见教材。

二、准备工作

找到视线较好的建筑物，选择建筑物某一面比较平整的墙面，墙上竖直固定一把 3 m 水准尺，此时将水准尺的起点（零点）注记为 B 点；在与水准尺水平距离 40～50 m 处选择一点作为 A 点，在 A 点安置经纬仪。

三、仪器和工具

DJ6 光学/电子经纬仪 1 台，三脚架 1 个，测钎 2 根，小钢尺 1 把，记录板 1 块，测伞 1 把。

四、人员组成

同学每 4～5 人为一组，需要完成一个仰角和一个俯角的测量，小组成员轮换进行观测、记录和计算。

五、方法和步骤

（1）领取仪器后，各小组在指导老师指定的点 A 上安置经纬仪，对经纬仪进行对中和整平操作。若使用垂球对中法，使用小钢尺量取仪器高 i，转动望远镜观察竖盘读数的变化规律，写出竖直角的计算公式。

望远镜上仰，若读数增加，竖直角计算公式如下：

$$\alpha = 瞄准目标时的竖盘读数 - 视线水平时的竖盘读数 \tag{3-4}$$

若读数减少，竖直角计算公式如下：

$$\alpha = 视线水平时的竖盘读数 - 瞄准目标时的竖盘读数 \tag{3-5}$$

（2）盘左瞄准 B 目标上的水准尺，用十字丝横丝切于水准尺 2 m 处，分别读出上下丝读数 l_1、l_2，记录并计算出视距间隔 $l = l_2 - l_1$；转动竖盘指标管水准器微动螺旋，使竖盘指标管水准器气泡居中（如仪器采用了竖盘自动归零补偿装置，则需要打开补偿器开关）。读取竖盘读数 L，记录并计算出竖直角 α_L。

（3）盘右瞄准 B 目标上的水准尺，用十字丝横丝切于水准尺 2 m 处，读取竖盘读数 R，记录并计算出竖直角 α_R。

（4）计算竖盘指标差

$$x = \frac{\alpha_R - \alpha_L}{2} \tag{3-6}$$

（5）计算竖直角平均值

$$\alpha = \frac{\alpha_R + \alpha_L}{2} \tag{3-7}$$

六、注意事项

（1）观测过程中，对同一目标应用十字丝横丝切准同一位置。瞄准目标时，尽可能瞄准其底部，以减少目标倾斜引起的误差。每次读数前应使竖盘指标水准管气泡居中。计算垂直角和指标差时，应注意符号。

（2）若 2 倍指标差数值大于 1′，经纬仪必须进行校正后才能使用。

（3）观测时要注意立尺必须保持尺身直立。

七、思考题

（一）填空

（1）竖盘读数前应使_____居中。

（2）垂直角观测采用盘左、盘右观测是为了计算_____，并消除其影响。

（3）视距测量需要读取的数据有_____、_____、_____、_____。

（4）竖直角有正、负之分，仰角为_____，俯角为_____。

（5）观测水平角时要用十字丝的_____瞄准目标，观测垂直角时用十字丝的_____瞄准目标。

（6）垂直角的取值范围是＿＿＿＿＿＿＿。

（二）简答

（1）经纬仪是否也能像水准仪那样提供一条水平视线？如何提供？若经纬仪竖盘指标差为 +48″，则竖盘读数为多少时才是一条水平视线？

（2）用盘左、盘右观测一个目标的垂直角，其值相等吗？若不相等，说明什么？应如何处理？

（3）用经纬仪瞄准同一竖直面内不同高度的两点，水平度盘的读数是否相同？此时在竖直度盘上的两读数差是否就是竖直角？为什么？

（4）竖直角测量用盘右的形式主要是为了什么？

八、实验报告

本实验结束后，填写实验报告。实验前预习，明确实验原理及方法，实验记录正确，符合要求，记录表如表 3-10 所示。

表 3-10　垂直角及视距观测记录

仪器：＿＿＿＿＿　　日期：＿＿＿＿＿　观测员：＿＿＿＿＿

天气：＿＿＿＿＿　　组号：＿＿＿＿＿　记录员：＿＿＿＿＿

测站仪器高	目标	竖盘位置	竖盘读数（°′″）	半测回垂直角值（°′″）	2倍指标差（″）	一测回垂直角 α（°′″）	水准尺读数（m）		水平距离 D（m）	高差（m）
							上丝 a 下丝 b 间隔 n	中丝读数1		
一		左								
		右								
一		左								
		右								
一		左								
		右								

测站仪器高	目标	竖盘位置	竖盘读数 （° ′ ″）	半测回垂直角值 （° ′ ″）	2倍指标差 （″）	一测回垂直角α （° ′ ″）	水准尺读数（m） 上丝a 下丝b 间隔n	中丝读数l	水平距离D （m）	高差 （m）
一		左								
		右								
一		左								
		右								
一		左								
		右								
一		左								
		右								
一		左								
		右								

实验八：经纬仪的检验与校正

一、实验目的与要求

（1）熟悉经纬仪主要轴线和其他重要轴线之间应满足的几何条件。

（2）掌握经纬仪检验与校正的基本操作方法。

（3）在弄清检校原理及校正方法的基础上完成此实验。

二、准备工作

找到一面比较平整且通视较好的墙面，在墙上合适的高度设置若干照准标志，在标志下方，离地约 1.5 m 的地方横置水准尺数根，将横置的水准尺作为投点使用；水准尺正前方 50～100 m 处插若干标杆，在每根标杆高 1.5 m 处作一照准标志。

三、仪器和工具

经纬仪 1 台，三脚架 1 个，记录板 1 块，伞 1 把，校正针 1 根。

四、人员组成

每 4～5 人为一组，轮换操作。

五、方法和步骤

经纬仪主要轴线包括竖轴 VV、横轴 HH、视准轴 CC 和水准管轴 LL。经纬仪各轴线之间应满足的几何条件：水准管轴 LL 应垂直于竖轴 VV；十字丝纵丝应垂直于横轴 HH；视准轴 CC 应垂直于横轴 HH；横轴 HH 应垂直于竖轴 VV；竖盘指标差为零。操作过程中如果以上几何条件不满足，则说明仪器需要进行校正。

（1）常规检查按实验报告中所列项目按顺序进行。

（2）照准部水准管轴 LL 应垂直于竖轴 VV 的检验与校正。

①检验：在两互相垂直方向上，调水准管气泡，使其严格居中，旋转 180°，若气泡中心偏离零点大于半格，则需校正。

②校正：拨水准管一端的校正螺丝，使气泡退回偏离格数的一半。

（3）十字丝纵丝应垂直于横轴 HH 的检验与校正。

①检验：用十字丝交点照准一明细点，转动望远镜微动螺旋，若明细点离开竖丝，则需要校正。

②校正：微微转动十字丝网座，使竖丝与明细点重合。

（4）视准轴 CC 应垂直于横轴 HH。

①检验。

a. 在水准尺和标杆的中点安置仪器。

b. 用十字丝交点盘左照准标杆标志，然后切换盘右位置，再次瞄准同一位置，纵向转动望远镜，瞄准水准尺，在水准尺上读取读数 b_1、b_2。若 $b_1 \neq b_2$ 且其差值大于 4 mm，则需校正。

②校正。

a. 计算盘右时正确读数 b。

$$b = b_2 - 1/4 \ (b_2 - b_1) \tag{3-8}$$

b. 拨动十字丝环左、右校正螺丝，使十字丝交点对准该正确读数 b。

（5）横轴 HH 应垂直于竖轴 VV 的检验与校正（见图 3-8）。

①检验。

a. 将仪器安置在距离水准尺大约 10 m 的位置。

b. 盘左、盘右分别用十字丝交点将高墙上方的同一标志 P 投到水准尺上，若两次投点的读数差大于 4 mm，则需要校正。

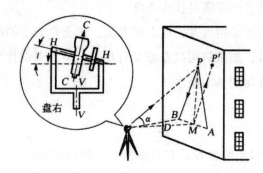

图 3-8 横轴垂直于竖轴的校正

②校正。

a. 用十字丝交点照准 A、B 的中点，然后盘转望远镜看 P。

b. 拨支架上水平轴校正螺旋，使十字丝交点对准 P 点（注意：有的仪器不能进行这项校正）。

六、注意事项

（1）按实验步骤进行检验、校正，顺序不能颠倒。每项检验至少两人重复操作，检验数据确认无误后才能进行校正。校正结束后，各校正螺丝应处于稍紧状态。

（2）选择仪器位置时，应顾及视准轴和横轴两项检验，既能看到远处水平目标，又能看到墙上高处目标。视准轴垂直于横轴的检校方法可视情况任选一种。

七、思考题

（一）填空

（1）经纬仪由_____和_____两部分构成。

（2）经纬仪的轴线有_____、_____、_____和_____。

（3）若竖盘指标差大于_____，应校正。

（4）校正照准部水准管时，气泡的偏离量一半用_____校正，另一半用_____调整。

（5）水平角的角度范围是_____。

（二）简答

（1）经纬仪的轴线之间应满足什么条件？

（2）经纬仪测量角度采用盘左、盘右的方法，主要是为了消除哪些误差？

（3）垂直角观测时，如果只用盘左或盘右观测，事先要做什么？为什么？

（4）水平角和垂直角的基本概念。

八、实验报告

本实验结束后，填写实验报告，实验前预习，明确实验原理及方法，实验记录正确，符合要求，记录表如表3-11所示。

表3-11　经纬仪检验与校正手簿

日期：_____　班级：_____　小组：_____　姓名：_____

（1）一般检查	三脚架是否牢稳		螺孔等处是否清洁	
	水平轴及竖轴是否灵活		望远镜成像是否清晰	
	制动及微动螺旋是否有效		其他	

（2）水准管垂直于竖轴	检验（照准部转180°）之次数	1	2	3	4	5
	气泡偏差之格数					

（3）十字丝竖丝垂直于水平轴	检验次数	误差是否显著
	1	
	2	

续　表

（4）视准轴垂直于水平轴	第一次检验	目标	横尺读数		第二次检验	目标	横尺读数	
			（盘左）b_1				（盘左）b_1	
			（盘右）b_2				（盘右）b_2	
			$1/4\,(b_2-b_1)$				$1/4\,(b_2-b_1)$	
			$b_2-1/4\,(b_2-b_1)$				$b_2-1/4\,(b_2-b_1)$	

	检验次数	A、B 两点距离（mm）
（5）水平轴垂直于竖轴	1	
	2	
	3	

实验九：钢尺量距与罗盘仪的使用

一、实验目的与要求

（1）从精度从低到高了解各种距离测量方法及原理。

（2）掌握普通钢尺测量距离的方法及两种直线定线（目估定线和经纬仪精密定线）的基本方法。

（3）掌握罗盘仪测定直线的磁方位角的方法和原理。

（4）钢尺量距的相对较差应小于 1/2 000；罗盘仪定向的误差应小于 1'。

二、准备工作

指导老师为每个小组选择一段长度约为 100 m 的地面，作为实验场地。

三、仪器和工具

每个小组准备钢尺 1 把，测钎 1 根，标杆 3 根，罗盘仪 1 个，木桩及小钉各 2 个，记录板 1 块。

四、人员组成

每 4 ～ 5 人为一组，轮流进行观测、记录。

五、方法和步骤

在地面选择距离约 100 m 的 A、B 两点，在两个点所在位置分别打下木桩（若地面为坚固路面，在两点上做标记），桩顶位置钉一小钉，将其作为点位的标记，在直线 AB 两端外侧竖立标杆。

（一）钢尺量距

1. 往测

后尺手执尺零点对准 A 点，前尺手持尺盒，并携带标杆和测钎沿着 AB 方向前进，行至一整尺段处停下。前尺手务必注意听和观察后尺手指挥左、右移动，标杆必须插在 AB 直线上，适当拉紧钢尺（不能太用力，也不能太松），并在整尺注记处插下测钎；一整段标记完成之后，前后两尺手同时提尺前进，后尺手行至测钎处，前尺手采用相同的方法插一根测钎，重复上一段的操作，量距后，后尺手将测钎收起，用同样的方法依次丈量其他各尺段；一直量到最后距离不足一个整尺段时，前尺手应仔细量出余长并记录。最后，后尺手记录自己所收测钎数，即为整尺数，AB 距离 D 的计算公式如下（单位：m）：

$$D = nl + q \tag{3-9}$$

式中：n——整尺数；l——尺长；q——余长。

2. 返测

由 B 点向 A 点进行返测，采用相同的方法进行。测量完成后需检查往返测量相对较差是否超限，若限差超限，则需重新进行测量；若未超过限差，则可直接计算往返测量平均值，将其作为最终距离。

$$D = \frac{D_{往} + D_{返}}{2} \tag{3-10}$$

（二）罗盘仪定向

地面选择一个固定点 A，在 A 点安置罗盘仪，将罗盘进行对中、整平操作后，将磁针固定螺丝旋松，然后放下磁针，用瞄准装置瞄准 B 点标杆，待磁针静止后，读取磁针北端在刻度盘上的读数，此时的读数就是 AB 直线的正磁方位角；在 B 点安置罗盘仪，采用同样的方法测定 BA 直线的磁方位角（也称 AB 直线的反磁方位角）。最后检查正、反磁方位角的互差是否超限，若未超限，则可计算方位角的平均值。

六、注意事项

（1）丈量时认清钢尺零点位置，注意注记的形式，防止错用。

（2）量距应保持在直线方向进行，否则为折现距离。

（3）量距时，前后尺手要配合好，尺要拉平、拉直，拉钢尺的时候力要均匀，钢尺稳定后再读数或者插钎。

（4）不要读错数字，读数后记录员要复诵，以免听错、记错，记录要清晰，数字不得画改。

（5）严防钢尺扭折、被车辆碾轧或者被行人踩踏。

（6）用完后要将钢尺擦干净，使用皮尺或测绳时要防水、防潮，拉力不要过大；尺子潮湿时不要卷入尺盒，要等尺子晾干后再卷。

（7）罗盘读数应按照指北针读数，应避开铁器干扰。搬迁罗盘仪前应先固定磁针。

七、思考题

（1）一般量距所使用的丈量工具有 ＿＿＿＿、＿＿＿＿、＿＿＿＿ 和 ＿＿＿＿。

（2）直线定线按距离丈量要求的精度不同，可分为 ＿＿＿＿ 和 ＿＿＿＿ 两种方法。精密钢尺量距需要进行三项改正，即 ＿＿＿＿＿、＿＿＿＿、＿＿＿＿。

八、实验报告

本实验结束后，填写实验报告，实验前预习，明确实验原理及方法，实验记录正确，符合要求，记录表如表 3-12 所示。

表 3-12　丈量记录表

班级：_____ 组号：_____ 组长（签名）：_____ 仪器：_____ 编号：_____

成像：_____ 测量时间：自_____：_____ 测至_____：_____ 日期：___年___月___日

线段名称	观测次数	整尺段数n	余长q(m)	线段长度D（m）	平均长度$\bar{D}$（m）	相对误差	正反磁方位角（°′″）	误　差	平均磁方位角（°′″）	备　注

实验十：全站仪的认识和使用

一、实验目的与要求

（1）全面了解全站仪（包括棱镜）的构造，认识全站仪各部件名称，了解各个按键的功能。

（2）掌握全站仪的架设方法，能熟练进入角度测量和距离测量模式，开展测量工作。

（3）熟悉利用全站仪放样点位的基本步骤。

二、准备工作

指导老师事先选定场地和仪器架设点，通知各小组熟悉场地，并将仪器及配套工具搬运到指定地点。

三、仪器和工具

苏州一光 RTS010 型号全站仪 1 台（本教程以苏州一光 GTS-335 型号全站仪为例）、棱镜 2 个、三脚架 3 个、基座 2 个、记录板 1 块。

四、人员组成

每组 4～5 位同学，轮流操作。

五、方法和步骤

全站仪，即全站型电子测速仪，是一种集光、机、电于一体的高技术、高精度测量仪器，集测角、高程、距离、坐标等功能于一体的测绘仪器系统，因为只要一次安置就能在一个测站上面完成全部测量工作，所以叫作全站仪，主要构造如图3-9所示。

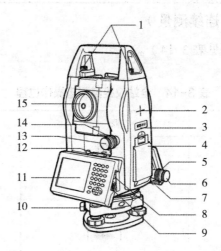

1—提手固定螺丝；2—仪器中心标志；3—仪器型号；4—电池；5—水平制动螺旋；6—水平微动螺旋；
7—触摸笔；8—USB口（连接PC）；9—USB口（插U盘）；10—基座固定钮；11—显示屏；
12—长水泡；13—垂直微动螺旋；14—垂直制动螺旋；15—物镜。

图3-9 全站仪的构造

（一）角度测量

确认处于水平角和垂直角测量，然后按表3-13所示进行操作。

表3-13 全站仪角度测量操作过程

操作过程	操 作	显 示
①照准第一个目标A	照准A	V： 90° 10′ 20″ HR：120° 30′ 40″ 置零 锁定 置盘 P1 ↓
②设置目标A的水平角为0° 00′ 00″，按[F1]（置零）键和[F3]（是）键	[F1]	水平角置零 >OK？ ____ ___ [是] [否]
	[F3]	V： 90° 10′ 20″ HR：0° 00′ 00″ 置零 锁定 置盘 P1 ↓

操作过程	操 作	显 示
③照准第二个目标 B，显示目标 B 的 V/H	照准目标 B	V: 98° 36′ 20″ HR: 160° 40′ 20″ 置零 锁定 置盘 P1 ↓

（二）距离测量（连续测量）

确认处于测角模式（见表 3-14）。

表 3-14 全站仪距离测量操作过程

操作过程	操 作	显 示
①照准棱镜中心	照准	V: 90° 10′ 20″ HR: 120° 30′ 40″ 置零 锁定 置盘 P1 ↓
②按 [◢] 键，距离测量开始①②：	[◢]	HR: 120° 30′ 40″ HD*[r] 测量 模式 S/A P1 ↓ ↓ HR: 120° 30′ 40″ HD* 123.456m VD: 5.678m 测量 模式 S/A P1 ↓
显示测量的距离③⑤，再次按 [◢] 键，显示变为水平角(HR)、垂直角(V) 和斜距（SD）	[◢]	V: 90° 10′ 20″ HR: 120° 30′ 40″ 测量 模式 S/A P1 ↓
①当光电测距（EDM）正在工作时，"*"标志就会再现在显示窗 ②将模式从精测转换到粗测或跟踪 ③距离的单位表示为"m"（米）或"f"（英尺），并随着蜂鸣声在每次距离数据更新时出现 ④如果测量结果受到大气抖动的影响，仪器可以自动重复测量工作 ⑤要从距离测量模式返回正常的角度测量模式，可按 [ANG] 键 ⑥对于距离测量初始模式可选显示顺序（HR, HD, VD）或（V, HR, SD）		

（三）放样

全站仪放样操作过程如表 3-15 所示。

表 3-15 全站仪放样操作过程

操作过程	操 作	显 示
①在距离测量模式下按 [F4]（↓）键，进入第 2 页功能	[F4]	HR：120° 30′ 40″ HD* 123.456m VD： 5.678m 测量 模式 S/A P1 ↓ 偏心 放样 m/f/I P2 ↓
②按 [F2]（放样）键，显示出上次设置的数据	[F2]	放样 HD： 0.000m 平距 高差 斜距 - - - - -
③通过按 [F1] 到 [F3] 键选择测量模式	[F1]	放样 HD： 0.000m 输入 - - - - - - 回车 - - - - - - - - - - - - - - - - - - 1234 5678 90.-[ENT]
④输入放样距离①	[F1] 输入数据	放样 HD： 100.000m 输入 - - - - - - 回车
⑤按照目标（棱镜）测量开始。显示出测量距离与放样距离之差	照准 P	HR：120° 30′ 40″ dHD*[r] <<m VD： m 测量 模式 S/A P1 ↓
⑥移动目标棱镜，直至距离差等于 0 m 为止		HR：120° 30′ 40″ dHD*[r] 23.456m VD： 5.678m 测量 模式 S/A P1 ↓
若要返回到正常的距离测量模式，可设置放样距离为 0 m 或关闭电源		

六、注意事项

（1）全站仪是目前结构较为复杂、价格昂贵、测量精度非常高的一种精密设备，同学们使用时务必严格按照操作规程，听从指导老师的指挥，务必爱护仪器，切勿在实验场地打闹玩耍。

（2）若实验当天阳光强烈，一定要为仪器撑伞，避免阳光直射仪器，禁止用全站仪望远镜对准太阳。

（3）仪器、棱镜保证随时有人看守。

（4）更换电源时，应先关掉电源开关。

七、思考题

（1）全站仪的基本组成包括 _____、_____、_____。

（2）全站仪除了进行角度测量、距离测量、坐标测量等基本操作外，还可进行 _____、_____、_____等测量工作。

（3）相对于经纬仪，全站仪的优势有哪些？

八、实验报告

每个同学完成独立观测，依次填写全站仪全部部件的名称和功能（见表3-16）。

表3-16　全站仪各部件的功能

序　号	部　件	作　用	序　号	部　件	作　用
1			9		
2			10		
3			11		
4			12		
5			13		
6			14		
7			15		
8			16		

实验十一：GPS 的认识和使用

一、实验目的与要求

（1）认识 GPS 接收机各部件，GPS 手簿与移动站和基站的连接方法。

（2）掌握 GPS 天线高的测量方法。

（3）掌握通过手簿连接 GPS 基站和移动站的方法。

二、准备工作

指导老师事先选定实验场地，最好选校园内空旷路面或者广场。各个小组准备好 GPS 设备及配件，熟记注意事项。

三、仪器和工具

GPS 基准站 2 台、移动站 3 台、GPS 接收机天线单元、基座 1 个、三脚架 1 个。

四、人员组成

以小组为单位，每 4 ～ 5 人为一组，轮流测量点坐标。

五、方法和步骤

（1）在指定的测站待测点的位置安置 GPS 接收机，量取仪器高。

（2）开机前，小组成员一起再次认识和熟悉仪器各部件的名称和作用。

（3）在小组指挥员的指令下，各个小组统一开机，并记录 GPS 仪器开机时间。

（4）在 GPS 接收机接收卫星信号的过程中应注意观察，各接收机显示信号接收完毕后，在指挥员指挥下统一关机，并记录关机时间。

六、注意事项

（1）要仔细对中、整平、量取仪器高。仪器高要用小钢尺在互为 120° 方向量 3 次，互差小于 3 mm。

（2）在作业过程中切记不得随意开关电源。

（3）不得在接收机附近（5 m以内）使用手机、对讲机等通信工具，以免干扰卫星信号。

（4）野外操作GPS接收机开机时要特别谨慎，按下电源按钮时，接收机面板的几个LED一亮就应马上松手，否则接收机会被初始化，以前储存的数据会丢失。

七、思考题

（1）写出GPS接收机的结构及组成。

（2）写出GPS静态接收机在测站上的操作步骤。

八、实验报告

实验结束后，将思考题部分的答案写入报告，每个人提交一份实验报告（见表3-17）。

表3-17　GPS实验报告

日期：_____　班级：_____　小组：_____　姓名：_____

GPS接收机的结构及组成	
GPS静态接收机在测站上的操作步骤	

实验十二：地形测量（量角器配合经纬仪测图法）

一、实验目的与要求

（1）熟悉利用量角器配合经纬仪的测图方法，能熟练绘制地形图。

（2）掌握选择立尺点的方法。

二、准备工作

提前选定（也可由指导老师指定）具有典型地物、地貌特征的地段作为实验场地，如学校里面的小山包、球场、人工湖、公路等，每组选定两个控制点（控制点编号为 A、B 两点）作为施测依据。

三、仪器和工具

DJ6 光学 / 电子经纬仪 1 台，视距尺 1 把，皮尺 1 把，比例尺 1 支，量角器 1 个，大头针 1 根，测图板 1 块，绘图纸 2 张，记录板 1 块，测伞 1 把，绘图工具 1 套，计算器 1 个。

四、人员组成

每 4 ～ 5 人为一组，观测、记录计算、绘图和立尺轮换操作。

五、方法和步骤

（1）在测站 A 处安置经纬仪，对中整平操作后，用直尺量取仪器高。度盘配置在盘左位置，对准相邻控制点 B，将水平度盘配置为 0° 00′ 00″。

（2）将 a 点在绘图纸上绘制出来，从 a 开始，画出一条 ab 方向线，最后用大头针将量角器中心钉在 a 点。

（3）开始测图前，各个小组需要提前规划并熟悉整个测量立尺的路线，路线规划的依据是测站位置、总体地形情况以及立尺的范围，立尺顺序应该连贯。

（4）按照事先规划好的路线在各个碎部点上立视距尺，对视距尺的上丝、下丝、竖直角和水平角进行记录和计算，最后根据尺子读数计算平距和高程（根据竖直角的测量值和视距计算高程）。

（5）利用测量得到的水平度盘读数和计算出的水平距离，用专用量角器将碎部点展绘于图纸上，并注记高程。及时绘出地物，勾绘等高线，最后对照实地逐一核查，确认有无遗漏。

（6）一个测站完成之后，进行测站搬迁，采用同样的方法进行测绘，直到指定范围内的地形、地物均已展绘为止。最后，依据图式符号进行整饰。

六、注意事项

（1）绘图用的图纸应注意防火和避免高温。

（2）测图迁站时仪器必须装箱，待迁移到下一测站后重新打开进行安置。

七、思考题

简述量角器配合经纬仪测图的实施过程和注意事项。

八、实验报告

本实验结束后，以小组为单位提交实验报告，记录表如表 3-18 所示。

表 3-18　地形测量实验记录表

班级：＿＿＿组号：＿＿＿组长（签名）：＿＿＿仪器：＿＿＿编号：＿＿＿

成像：＿＿＿测量时间：自＿＿＿：＿＿＿测至＿＿＿：＿＿＿日期：＿＿＿年＿＿＿月＿＿＿日

序　号	下丝读数（m）	上丝读数（m）	竖盘读数（°′″）	水平盘读数（°′″）	水平距离 D（m）	高程 H（m）

实验十三：建筑物轴线交点的放样（测设）（全站仪法）

一、实验目的与要求

（1）掌握用某种型号的全站仪直接放样房屋轴线交点三维坐标的方法。

（2）测量四个房屋轴线交点的水平夹角与设计值之差的限差不应大于 $\pm 30''$，水平距离与设计值之差的相对误差不应大于 1/3 000，高程放样的限差不应大于 ± 3 mm。

二、准备工作

校内选择一块约 40 m×40 m 的开阔地面作为实验场地，每个小组任意选取两个导线点，其中一个导线点可同时作为水准点。

三、仪器和工具

全站仪 1 台，棱镜 2 块，小钢尺 1 把，木桩和小钉各数个，斧子 1 把，记录板 1 块，测伞 1 把。

四、人员组成

每 4 ～ 5 人为一组，放样角度和放样高程轮换操作。

五、方法和步骤

根据现场导线点和水准点，和四个房角点的设计坐标和高程（可假定），按全站仪仪器说明书（或者指导老师讲解）放样。

六、注意事项

（1）设置控制点时，应保证两个控制点之间的距离足够长，至少长于勘测边长。

（2）务必反复检验测设数据的正确性。

七、思考题

（1）对点的平面位置及高程进行测设时，应遵循的测量原则是_____

_____。

（2）测设时为什么要求测站到后视点的距离尽量长？

八、实验报告

每组完成一份实验报告，填写记录表（见表3-19），实验完成后提交。

表3-19　建筑物轴线交点的放样（测设）（全站仪法）实验报告

班级：_____组号：_____组长（签名）：_____仪器：_____编号：_____

成像：_____测量时间：自_____:_____测至_____:_____日期：_____年_____月_____日

平　距	设计值（m）	实测值（m）	差值（m）	相对较差	水平角顶点号	设计值（°）	实测值（°′″）	差值（″）
1—2	20.000				1	90°		
2—3	15.000				2	90°		
3—4	20.000				3	90°		
4—1	15.000				4	90°		

九、房屋示意图

房屋示意图如图3-10所示。

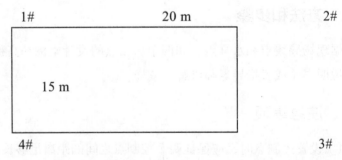

图 3-10　房屋示意图

实验十四：碎部测量

一、实验目的与要求

（1）掌握碎部测量的基本步骤。

（2）掌握地面点位的测量、绘制的基本方法。

（3）熟悉地面点测定的方法。

二、准备工作

指导老师提前联系好开放教室，选择测量点位，总体上是以学生自主训练为主的开放模式组织教学。

三、仪器和工具

DJ6 级电子经纬仪 1 台，三脚架 1 个，水准尺 1 根，记录表格 1 份，图纸 1 份，计算器 1 个（自备）。

四、人员组成

实验小组由 5 人组成：1 人操作、1 人记录、1 人计算、1 人扶尺、1 人绘图。

五、方法和步骤

（一）经纬仪测图法

1. 安置仪器

在测站点 A（已知点）上安置经纬仪，用钢尺量取仪器高 i，将数据填入记录表格。

2. 定向

转动经纬仪，瞄准另一控制点 B，将水平度盘读数置为 $0°　00′　00″$。

3. 立尺

将水准尺立在典型的地物地貌的特征点上。立尺前，应提前熟悉实测的范围和实地具体情况，拟定立尺点，小组成员（立尺员、观测员、绘图员）共同商议，确定跑尺路线。

4. 观测

松开水平制动螺旋，转动照准部，盘左（或盘右）瞄准所立水准尺，读取视距间隔 n、中丝读数 l、竖盘读数 L 和水平角 β。

5. 记录

将视距 K_l、仪器高 i、竖直角 α 和水平角 β，依次填入记录表格，对于特殊碎部点，如房角、山头、鞍部等，可在备注中加以说明。

6. 计算

依据计算公式（竖直角的使用计算公式）算出碎部点的水平距离和高程。

7. 展绘碎部点

用细针将半圆仪的圆心插在图上的测站点处，转动半圆仪，将等于 β 角值的刻画线对准起始方向线，此时半圆仪的零方向便是碎部点 C 的方向，再根据水平距离和测图比例尺在该方向上定出 C 的位置，并在点位右侧标注高程值。最后用量角器将测得的碎部点绘制在图纸上。

按照以上步骤，进行碎部测量。

（二）地面点平面位置的测量方法

1. 极坐标法

极坐标法是根据测站点上的一个已知方向来测定所求点方向与已知方向之间的角度，并测定测站点至所求点的距离的方法。极坐标法施测的范围较大，适用于通视良好的开阔地区。测图时，绝大部分特征点的位置都是独立测定的，不会产生误差累计，若有少数特征点测错，则在描绘地物、地貌时一般能从对比中发现，便于现场改正。

2. 直角坐标法

直角坐标法根据两个测站点来测定所求点与测站点连线的平行方向和垂直方向的偏移量，以确定所求点的位置。直角坐标法适用于碎部点靠近控制点的连线，且垂距较短的情况。

3. 方向交会法

方向交会法又称角度交会法，该方法通过分别在两个已知测站点上对同一个碎部点进行角度测量，确定碎部点的位置。方向交会法适用于测绘目标明显、距离较远、易于瞄准的碎部点，如电线杆、水塔、烟囱等地物。采用方向交会法可以不测距离而求得碎部点的位置，若使用恰当，可节省立尺点的数量，提高作业速度。

4. 距离交会法

距离交会法是测量两个已知点至同一待定点的距离，然后在图上根据这两段按比例尺缩小后的距离的交点确定待定点的位置。距离交会法常用于无法观测方向，但容易测量距离的地物，如被围墙、房屋遮挡的房屋，道路等地物。采用距离交会法可以不测角度而求得碎部点的位置，若使用恰当可提高作业速度。

5. 方向距离交会法

有些碎部点不能直接量取距离，但可通视，此时可采用方向距离交会法。从测站点出发绘制方向线，量取已测定的碎部点至待定点的距离，距离按比例缩小后，从已测定的碎部点与方向线相交，即可确定待定点。

六、注意事项

（一）若使用经纬仪进行碎部测量

（1）测图比例尺可根据专业需要自行选定。

（2）在经纬仪观测过程中，每测 20 个点左右要重新瞄准起始方向进行检查，若水平度盘读数变动超过 4′，则应检查所测碎部点数据。

（3）碎部测量时水平角度和垂直角读数有效值到分，水平距离有效值 0.1 m，高差和高程有效值 0.1 m。

（4）绘图过程中应保持图面整洁。碎部点高程的注记应在点位右侧，字头朝北。

（二）若使用全站仪进行碎部测量

（1）指导老师统一提供控制点数据。

（2）实验前做好一切准备工作，如保证全站仪电量充足、准备好备用电源、熟悉本次实验采用软件的工作环境和基本操作等。

（3）外业草图绘制清晰、信息完整。

七、思考题

（一）填空

（1）图式符号分为_____、_____、_____。

（2）测图所用的图纸一般是_____。

（3）测量地面点平面位置的方法有_____、_____、_____、_____、

_____。

（4）等高线是_____。

（5）地物符号分为_____、_____、_____。

（6）比例尺为 1∶1 000 地形图的比例尺的精度是_____，则在测图时量距的精度为_____，小于_____的距离在图上表示不出来。

（二）简答

（1）简述经纬仪测绘法测图的步骤。

（2）什么是碎部测量？测定碎部点的方法有哪几种？测图时应如何选择立尺点？

（3）简述地形图测绘的准备工作及其主要工序。

（4）简述等高线有哪些特性，等高线穿过道路、房屋或河谷时，应如何描绘，并绘图说明。

八、实验报告

本实验结束后，填写实验报告。实验前预习，明确实验原理及方法，实验记录正确，符合要求，实验记录表如表 3-20 所示。

表 3-20　碎部观测记录

仪器：_____　日期：_____　天气：_____

测站：_____　测站高程（H）：_____　仪器高（i）：_____　标定方向：_____

点　号	水平角 （°′″）	上丝读数 （m）	下丝读数 （m）	中丝读数 （m）	竖盘读数 L 或 R	垂直角 （°′″）	水平距离 （m）	高差 （m）	高程 （m）

点　号	水平角 （°′″）	上丝读数 （m）	下丝读数 （m）	中丝读数 （m）	竖盘读数 L 或 R	垂直角 （°′″）	水平距离 （m）	高差 （m）	高程 （m）

实验十五：施工放样

一、实验目的与要求

（1）了解施工放样（测设）的基本工作内容。

（2）熟悉测设数据的计算方法。

（3）掌握测设基本量的测设方法和点位测设的方法，为今后进行施工放样奠定基础。

二、准备工作

在进行工程建设项目施工时，都要经过勘测、设计、施工三个阶段，当建筑、结构、安装施工图交付使用后，即进入现场施工阶段。在施工阶段进行的测绘工作，叫作施工放样，也就是将在图纸上设计的角度、距离、高程和图纸上一些建筑物的特征点在实地上标出来，实质是从图纸到地面的过程。指导老师提前给定各个小组测量坐标和高程数据，小组同学根据坐标点和控制点进行测设工作。

三、仪器和工具

实验设备为 DJ6 电子经纬仪 1 台，DS20 自动安平水准仪 1 台，水准尺 2 把，钢尺 1 副，标志若干个，记录表格 1 份。

四、人员组成

实验小组由 5 人组成，1 人计算、1 人操作、1 人记录、2 人扶标志，采用以学生自主训练为主的开放模式组织教学。

五、方法和步骤

（一）水平距离的测设

（1）从 A 点开始，沿 AB 方向用钢尺丈量，按测设长度 L 确定 B' 点的位置。

（2）用精密量距方法精确量取 A 点到 B' 的距离，加上尺长、温度和倾斜三项改正数，求出 AB' 的精确值 L'。

（3）若 L' 与 L 不相等，则按其差值 $\Delta L = L - L'$，以 B' 点为准，沿 AB 方向进行改正；当 ΔL 为正时，向外改正，反之，则向内改正。

（4）对 AB 进行往返丈量，相对误差在容许范围内（1/2 000 ～ 1/3 000），反之重测。

（二）水平角的测设

（1）由已知边长 OA 测设水平角 $\angle AOB = \beta$，O 点为测站点。

（2）将经纬仪安置于 O 点，先用盘左（或盘右）定出 B_1 点；然后用测回法对 $\angle AOB_1$ 观测若干测回（测回数根据精度要求定），并取各测回的平均值 β_0。

（3）若 β_0 与 β 的差值 $\Delta\beta = \beta_0 - \beta$ 不超过限差（±10″），则 B_1 点符合要求。若 $\Delta\beta$

超过限差，则需改正 B_1 点的位置；改正时，先测出长度 OB_1，再根据下式计算改正值（$\rho=20°\ 62'\ 65''$）：

$$BB_1 = \frac{OB_1 \times \Delta\beta}{\rho} \qquad （3\text{-}11）$$

过 B_1 点作直线 OB_1 的垂线 B_1B，然后在垂线 B_1B 上量取 B_1B 得到 B 点，则 $\angle AOB$ 即为设计的角度 β。

（4）量取 B_1B 时应注意量取方向：当 $\Delta\beta = \beta_0 - \beta > 0$，即 $\beta_0 > \beta$ 时，B 点应位于 OB_1 的左侧，反之，B 点应位于 OB_1 的右侧。

（三）高程的测设

（1）在已知点 A 与待测点 P 中间安置水准仪，读取 A 点的后视读数 a；根据已知点高程 H_A 和测设高程 H_P，计算 P 点的前视读数 b。

$$b = H_A + a - H_P \qquad （3\text{-}12）$$

（2）将水准尺紧贴 P 点木桩上下移动，当前视读数为 b 时，沿尺底面在木桩上画线，即为测设的高程位置。

（3）将水准尺底面置于设计高程位置，再次作前后视观测，以作检核。

（四）点的平面位置测设

（1）选择适合地点如图 3-11 所示，图中 A、B 为已知点，P、Q 为待测设点（由教师给出其设计坐标）。

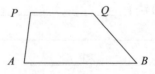

图 3-11　高程测设示意图

（2）计算测设数据：若用极坐标法测设 P 点时，计算 D_{AP} 和 β_A，同法可计算测设 Q 点的数据 D_{BQ} 和 β_B，以及检核数据 φ_P、φ_Q、D_{PQ}。

$$D_{AP} = \sqrt{(x_P - x_A)^2 + (y_P - y_A)^2} \qquad （3\text{-}13）$$

$$\beta_A = \alpha_{AB} - \alpha_{AP} = \arctan\frac{y_B - y_A}{x_B - x_A} - \arctan\frac{y_P - y_A}{x_P - x_A} \qquad （3\text{-}14）$$

（3）在 A 点设站安置经纬仪，盘左瞄准 B 点并将水平度盘配置为 β_A，顺时针方向转动照准部至读数为 $0° \ 00' \ 00''$，在视线方向定出 P' 点；盘右同法定出 P'' 点，并取 $P' \ P''$ 的中点 P_1。由 A 点起沿 AP_1 方向提供 D_{AP} 用钢尺往、返丈量，取其中点作为测设的 P 点位置。

（4）在 B 点设站，用相同方法测设出 Q 点，注意瞄准 A 时起始读数配置为 $0° \ 00' \ 00''$。

（5）分别在 P、Q 两点设站，用测回法观测 φ_P、φ_Q，并用钢尺往返丈量 P、Q 两点间的距离 D_{PQ}，进行检核。

六、注意事项

（1）测设数据经校核无误后才能使用，测设完毕后还应进行检测。

（2）在测设点的平面位置时，计算值与检测值比较，检测边 D_{PQ} 的相对误差应小于 1/2 000，检测角 φ_P、φ_Q 的误差应小于 $60''$。超限应重测。

（3）在测设点的高程时，检测值与设计值之差应不超过 ± 8 mm。超限应重测。

七、思考题

（一）填空

（1）测设的基本工作有_____、_____、_____。

（2）测设点平面位置的方法有_____、_____、_____等。

（3）测设距离需要进行_____、_____、_____三项改正。

（4）测设水平角的方法有_____和_____。

（二）简答

（1）施工测量遵循的基本原则是什么？

（2）简述精密测设水平角的方法、步骤。

（3）施工放样与测绘地形图有什么根本的区别？

（4）A、B 为已有的平面控制点，其坐标为

$x_A = 1 \ 048.60$ m，$y_A = 1 \ 110.50$ m；$x_B = 1 \ 086.30$ m，$y_B = 1 \ 332.40$ m。

P、Q 为待测设的点，其设计坐标为

$x_A = 1 \ 048.60$ m，$y_A = 1 \ 110.50$ m；$x_B = 1 \ 086.30$ m，$y_B = 1 \ 332.40$ m。

用极坐标法和角度交会法测设 P、Q 点的角度和距离（角度算至整秒，距离算至 0.01 m），结果填入表 3-21。

表 3-21　待测点角度和距离计算表

方　向	坐标增量（m）		边长 D（m）	方位角 α（° ′ ″）	交会角度 φ（° ′ ″）	起始边
	Δx	Δy				
$A—B$						
$B—A$						
$A—P$			D_1		φ_1	AB
$A—Q$			D_2		φ_2	AB
$B—P$			D_3		φ_3	BA
$B—Q$			D_4		φ_4	BA

八、实验报告

本实验结束后，填写实验报告。实验前预习，明确实验原理及方法。实验记录正确，符合要求，记录表如表 3-22 至表 3-24 所示。

表 3-22　水平角、水平距离的测设、检测记录

班级：_____组别：_____仪器：_____日期：_____天气：_____

点　号	实际测设水平角（° ′ ″）	水平角修正		应测设水平距离（m）	距离改正			检测	
		实际读数	改正数（m）		尺长改正	温度改正	倾斜改正	实际读数	误差（m）

表 3-23　点的高程测设、检测记录

班级：_____组别：_____仪器：_____日期：_____天气：_____

| 测　站 | 已知水准点 | | 后视读数 | 视线高程（m） | 待测设点 | | 前视尺应有读数 | 填挖数（m） | 检测 | |
	点号	高程（m）			点号	设计高（m）			实际读数	误差（m）

表 3-24　点的平面位置测设记录

班级：_____组别：_____仪器：_____日期：_____天气：_____

| 点　号 | 坐标值 | | 坐标差 | | 坐标方位角（° ′ ″） | 线名 | 应测设水平角（° ′ ″） | 应测设水平距（m） | 测设略图 |
	x（m）	y（m）	Δx（m）	Δy（m）					

实验十六：四等水准测量

一、实验目的与要求

（1）掌握用双面水准尺进行四等水准测量的观测顺序、内外业表格的记录和外业数据简便计算方法。

（2）掌握四等水准测量的主要技术指标，掌握测站检核、整条水准路线的检核方法。

二、准备工作

指导老师事先在合适的场地布置好若干条闭合水准／附和水准路线，测出起点和终点的高程，标记出路线上面各个待测点；各小组同学在老师的指导下，熟悉本小组的测量路线，根据本组路线情况确定测站数量路线形式，切记每个测段测站数量为偶数。具体对如下技术作出准备。

（1）高差闭合差应小于等于 $16\sqrt{n}$ mm 或者 $20\sqrt{L}$ mm。（n 为测站数，L 单位为 km）

（2）水准路线各测段的测站数必须为偶数。

（3）手簿记录一律使用铅笔填写，记录完整，记录的数字与文字力求清晰、整洁，不得潦草。

（4）测量的任何原始记录不得擦去或涂改，错误的成果（仅限于米、分米读数）与文字应用单线划去，在其上方写上正确的数字与文字，并注明"测错"或者"记错"。

（5）测量采用中丝读数法进行单程观测，视线长度、前后视距差及其累积差、红黑面（基辅分划）读数差限差和红黑面（基辅分划）所测高差较差要求如表 3-25 所示。

表 3-25 四等水准测量基本技术要求

视线长（m）	前后视距差（m）	任一测站前后视累积差（m）	黑红面读数差（mm）	黑红面所测高差较差（mm）	路线闭合差（mm）
≤ 100	≤ 3.0	≤ 10.0	≤ 3.0	≤ 5.0	$\leq 20\sqrt{L}$

注：L 为水准路线长度，以 km 计。

三、仪器和工具

水准仪 1 台，双面尺 1 对，尺垫 1 对，记录板 1 块，伞 1 把，铅笔、直尺、橡皮等小组自行准备。

四、人员组成

每 4 人一组，轮换操作。

五、方法和步骤

（1）在水准点与第一个转点间设站（后视距与前视距差应小于 5 m），按以下顺序观测。

后视黑面尺：读取下、上视距丝读数，记入实验报告中（1）（2）；精平，读取中丝读数，记入（4）。

后视红面尺：读取中丝读数，记入（5）。

前视黑面尺：读取下、上视距丝读数，记入（7）（8）；精平，读中丝读数，记入（10）。

前视红面尺：读取中丝读数，记入（11）。

这种观测顺序简称：后黑（三丝）—后红（中丝）—前黑（三丝）—前红（中丝）。也可以采用：后—前—前—后。

观测完后，应立即进行各项计算和检核计算，符合要求后方能迁站。

（2）依次设站，同法施测其他各点，如图 3-12 所示。

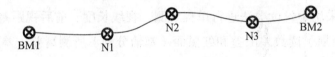

图 3-12　附和水准路线

（3）全路线施测完后计算：路线总长（各站前、后视距之和）；各站前、后视距差之和（应与最后一站累积视距差相等）；各站后视读数和、各站前视读数和、各站高差中数之和（应为上两项之差的 1 / 2）；路线闭合差（应符合限差要求）；在高程误差配赋表中计算待定点的高程。

六、注意事项

（1）每站观测结束应及时计算、检核，若有超限则重测该站。

（2）注意区别上、下视距丝、中丝读数，并记入相应栏内。

（3）四禁。禁止骑在脚架上进行观测；禁止记录未完成就迁站；禁止记录转抄；禁止就字改字或者在手簿上随意画改。

（4）四要。测站重测要变换仪器高；字迹要清晰整洁；如有画改要注明"测错"或者"记错"；计算要快速准确。

（5）读数做到"有呼有应"。

七、思考题

（1）四等水准测量每个测站数必须为偶数的目的是什么？

（2）为什么水准测量要遵循严格的观测顺序？

八、实验报告

以小组为单位提交实验报告，实验结束后提交，记录表如表3-26、表3-27所示。

表3-26　四等水准测量记录手簿

日期：_____班级：_____小组：_____姓名：_____

测站编号	点　号	后尺	下丝	前尺	下丝	方向及尺号	标尺读数		K+黑一红（mm）	高差中数（mm）
			上丝		上丝		黑面	红面		
		后视距		前视距						
		视距差d		累积差∑d						
		（1）		（7）		后	（4）	（5）	（6）	（18）
		（2）		（8）		前	（10）	（11）	（12）	
		（3）		（9）		后－前	（13）	（14）	（15）	
		（16）		（17）						
						后				
						前				
						后－前				
						后				
						前				
						后－前				
						后				
						前				
						后－前				

测站编号	点　号	后尺	下丝	前尺	下丝	方向及尺号	标尺读数		$K+$ 黑一红（mm）	高差中数（mm）
			上丝		上丝		黑面	红面		
		后视距		前视距						
		视距差 d		累积差 $\sum d$						
						后				
						前				
						后—前				
						后				
						前				
						后—前				
备注		K 为尺常数 4.687 或 4.787								

表 3-27　高程误差配赋表

日期：_____　班级：_____　小组：_____　姓名：_____

点　名	距　离（m）	观测高差（m）	改正数（m）	改正后高差（m）	点之高程（m）	备　注
BM1	BM1-BM2 四等水准路线					
N1						
N2						
N3						
BM2						
$\sum$						

实验十七：导线测量

一、实验目的与要求

（1）掌握导线测量线路的总体顺序和方法、导线测量的各个测站的测量任务和观测数据的填写和计算。

（2）掌握导线测量的主要技术指标，测站与测量路线的检核方法。

二、准备工作

导线形式的布设，随测区形态的变化而不同。对于比较简单的测区，通常只需要采用单一的导线布设形式，即可满足需求。单一导线布设形式主要包括附合导线、闭合导线、支导线。根据测量工作精度需求的不同，导线测量可分为不同的等级，主要技术指标如表 3-28 所示。

（1）一级导线角度闭合差应小于等于 $10\sqrt{n}$（n 为测站数，单位是 $''$），相对闭合差小于等于 1/15 000；二级导线角度闭合差应小于等于 $16\sqrt{n}$，（n 为测站数，单位是 $''$），相对闭合差应小于 1/10 000。

表 3-28　导线测量主要技术要求

等　级	导线长度（km）	平均边长（km）	测角中误差（"）	测回数		角度闭合差（"）	相对闭合差
				DJ6	DJ2		
一级	4	0.5	5	4	2	$10\sqrt{n}$	1/15 000
二级	2.4	0.25	8	3	1	$16\sqrt{n}$	1/10 000
三级	1.2	0.1	12	2	1	$24\sqrt{n}$	1/5 000

（2）相邻两个导线点之间通视良好。

（3）导线点位应选在土质坚实并便于保存之处。

（4）每个点位上的视野都应该开阔，以便于对周围的地物和地貌进行测绘。

（5）在测区内均匀地布设导线点，方便对整个测区进行控制。对所有导线点划分等级，统一编号，方便测量工作完成后对测量资料的管理。最后将每一个导线点的位置绘制在草图上，该草图称为控制点的"点之记"。

三、仪器和工具

全站仪 1 台，棱镜 1 对，三脚架 3 个，基座 2 个，记录板 1 块，伞 1 把。

四、人员组成

每 4 人一组，轮换操作。

五、方法和步骤

（一）实地选定控制点

事先拟定计算程序，进行实地选点，要求程序已编辑好线路设计参数，熟悉路线的具体走向。关于选点的几点要求：地基稳固，方便架设仪器和后期放样，超出施工挖填范围一定距离，相邻两点之间通视良好，各点与前、后相邻点之间的距离尽量等长。

（二）埋石

在选定的点位挖坑，依土质情况而定，建议埋置深度不小于 0.6 m。将钢筋切割成长约 50 cm 的小段，选择截面较平整光滑的一端用钢锯锯一个深约 2 mm 的十字丝待用。搅拌混凝土倒入坑中，人工捣实，表面抹平，在中心位置插入钢筋，钢筋顶端高出混凝土面约 1 cm。在混凝土表面刻下点的编号。这样一个控制点就埋设完成了。（有些问题并不是绝对的，如在坚固稳定的大石头或建筑物上做标记点也是可以的。总之，把握一个原则，控制点要稳固，方便后期保存和使用。）

（三）测量

G1、G2、G3、G4 是设计院给的已知坐标的控制点，D1、D2、D3 是埋设的待测加密点。将相邻两点连接后，就组成了导线线路图，如图 3-13 所示。

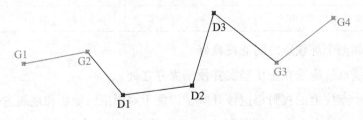

图 3-13　导线线路图

从 G1 点向 G4 点方向测量，测量的水平角为左角。以一级导线为例，测量仪器采用 2″ 级全站仪，采用两个相同型号的棱镜。按技术要求，每个测站需观测两个测回。

（1）在控制点上架设全站仪（注意：仪器需要提前鉴定、校正合格），按实际情况设置气温、气压等参数，进行精确对中、整平操作，由于导线测量不涉及高程，仪高和镜高可以随意设置。两个棱镜分别架设在测站点前后的相邻控制点上，本教程假设的测站顺序为 G2-D1-D2-D3-G3。（本测站是 G2）

（2）盘左位照准后方棱镜点，手动将水平角置零，并在观测记录表上记下此时水平角的读数，然后进行测距工作。距离测量可选择对向测量，以便使测量结果更加精确，并做好记录。

（3）转动照准部，盘左位照准前方棱镜点，仪器调整完毕后，记录此时水平角读数。采用同上一步相同的办法测距并记录。此时完成上半测回的测量工作。

（4）切换盘右位照准后方棱镜点，记录水平角读数，测距并记录读数。

（5）盘右位照准前方点，记录水平角读数，测距并记录读数。此时完成一个测回的测量工作。

第二测回的操作与第一测回基本相同，唯一不同的点在于置盘的初始读数，每个测回的初始角度值为 $180°/n$（n 为测回数）。直到当每个测站都按要求的测回数观测完成后，重新置盘后进入下一个测站，重复上一测站的操作，直到测完全部的水平角为止。

（四）数据记录

记录员应及时计算 $2C$ 值、半测回角值、一测回角值、距离等数据。

（五）计算

计算方法如下：

$2C$ 值 =（盘左读数 ±180°）– 盘右读数。

上、下半测回角值 = 后方点读数 – 前方点读数。

一测回角值 = 上、下两个半测回的平均值。

平均角值 = 各个测回的平均值，即水平角。

距离的计算方法跟水平角相同。

六、注意事项

（1）每站观测结束后应及时计算、检核，若超限则重测该站。

（2）注意核对"处读数是否准确，并记入相应栏内。

（3）四禁。禁止骑在脚架上进行观测；禁止记录未完成就迁站；禁止记录转抄；禁止就字改字或者在手簿上随意画改。

（4）四要。测站重测要变换仪器高；字迹要清晰整洁；如有画改要注明"测错"或者"记错"；计算要快速准确。

七、思考题

（1）附和导线方位角闭合差和导线全长闭合差是怎么分配的？为什么？

（2）各等级导线测量的主要技术指标有哪些？

八、实验报告

以小组为单位提交实验报告，实验结束后提交，记录表如表3-29、表3-30所示。

表3-29 导线测量外业记录表1

日期：＿＿＿＿班级：＿＿＿＿小组：＿＿＿＿姓名：＿＿＿＿

站　点	读数		2C	半测回方向	一测回方向	各测回平均方向	附　注
	盘左	盘右					
水平角观测							

边长	平距观测值	平距中数	边长	平距观测值	平距中数
	1			1	
	2			2	
	3			3	
	4			4	

表 3-30　导线测量外业记录表 2

日期：_____　班级：_____　小组：_____　姓名：_____

序　号	点　名	观测角	方位角	边　长	v_x ΔX_i	X_i	v_y ΔY_i	Y_i
1	A							
2	B							
3	P_1							
4	P_2							
5	A							
6	B		Σ					
	$\Sigma\beta=$							
$K=$		$f_\beta=$					f_s	
			$f_x=$			$f_y=$		
$f_{\beta容}=16\sqrt{n}$		导线 略图						

第四章 测量综合实习指导

当前大比例尺地形图测绘技术已经取代平板测图，与无人机测图一起成为主流的测图方法。数字化测图源于全站仪实测测图，逐渐发展到 GNSS+RTK 实测测图，这是目前数字化测图中最常见的两种方法。随着摄影测图硬件和软件技术的进步，已经能满足大比例尺地形图测图的精度要求，大大降低了野外成图的劳动强度，减少了外业工作时间，不足之处是在地形起伏较大的地区精度会受影响，仪器价格比较昂贵。

通过完成大比例尺地形图的测绘，提高学生对全站仪等测绘仪器的熟练程度，使学生熟练掌握碎部测量的基本操作方法，提高学生对测量仪器及知识掌握程度，同时培养学生的团队精神、严谨认真的科学态度和吃苦耐劳、坚韧不拔的工作作风，从思想和行动上大大提升学生的业务能力。

一、数字化测图教学实习

（一）实习的性质与目的

数字测量教学实习是"工程测量"课程教学的重要组成部分，是巩固和深化课程所学知识的必要的环节，通过实习培养学生理论联系实际的能力、分析问题和解决问题的能力以及实际动手操作的能力，使学生具有严格认真的科学态度、实事求是的工作作风、吃苦耐劳的劳动态度以及团结协作的集体观念。同时，也使学生在业务组织能力和实际工作能力方面得到锻炼，为今后从事测绘工作打下良好的基础。

（二）实习的时间分配

实习时间为 4 周（也可根据各高校人才培养方案进行调整），以小组为单位，各小组测绘出 1 幅 1 : 1 000（或 1 : 500）比例尺的地形图，在条件许可的情况下利用全站仪（有条件的高校可利用 GNSS+RTK）完成一定区域数字化地形数据采集及软件成图工作。实习具体工作安排如表 4-1 所示。

表 4-1 实习具体工作安排

实习内容	完成期限	提交成果	备 注
实习动员会	0.5 天		
实验室借仪器，各小组进行	0.5 天		
仪器检校	共 1 天	电子经纬仪三轴关系检验值 竖盘指标值 光学对中器是否有偏差 自动安平水准仪 i 角检验值 水准尺零点差等	
图根导线测量，高程测量	1 周	图根导线测量成果 等外水准测量成果 三角高程测量成果	每组完成自己图幅范围内的至少 2 条相应线路测量任务 每人都要有观测、记录、立尺等不同工作记录；每人均须进行相关计算
1：100 地形图测量	2 周	1～2 幅地形图（有不同的地形、地物）测绘 相邻图幅间接边检查情况 或数字地形数据采集	每人至少完成 5 格测图任务
动手能力考核	1 天	外业观测、内业计算合格	每人考核外业、内业各一项，抽签定项目
原图清绘或数字成图	2 天	接边，清绘，图幅整理后的铅笔底图	
实习报告编写	1 天	实习报告，含：仪器检校、导线和高程测量等各种计算成果资料	每人一份 要求在各人每天实习笔记的基础上完成 有实习内容、作业要求（规范）、实习经过（含出错、检查与返工）、最终成果等内容

　　本教程适用于工程管理、土地管理、地理信息系统等非测绘专业的小范围内的大比例尺地形图测量。因各专业培养方案安排的实习时间不同，课程学时不同，所以具体工作量可根据各高校情况酌情增减。

（三）实习地点选择

　　校内（或者高校的校外实习地点）。

（四）实习内容安排与要求

1.实习分组安排

若使用经纬仪测图，实习小组 4～5 人，选一人为组长。每组配备：DJ6 电子经纬仪 1 台，DS20 自动安平水准仪 1 台，全站仪 1 台，水准尺 2 根，尺垫 2 个，竹竿架 2 副，量角器 1 个，三角板 1 副，《1：500，1：1 000，1：2 000 地形图图式》GB/T 7929、《大比例尺地形测量规范》各 1 本，聚酯薄膜图纸 1 张（50 cm×50 cm），有关记录手簿，胶带纸等，各组自备计算器。

若使用全站仪测图，实习小组准备全站仪 1 台，棱镜 2 套，三脚架 3 个，棱镜杆 1 根，2 m 钢尺 1 个，记录板 1 块，计算器 1 个，小伞 1 把，小组最好自行准备笔记本电脑，其他实验需要用的表格从指导老师处领取。

2.技术规范要求

相应要求执行下列两本测量规范：《工程测量规范》（GB 50026—2020）、《1：500，1：1 000，1：2 000 地形图图式》（GB/T 17160—1997）。

3.实习内容安排

（1）图根控制测量。

①图根控制测量流程图，如图 4-1 所示。

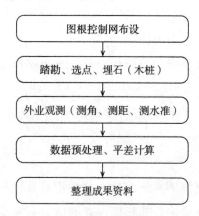

图 4-1　图根控制测量流程图

②图根控制测量方法及要求。本教程是针对野外图根控制测量的实习需要编写的，使用本指导书进行测量作业，总体技术要求应遵守《工程测量规范》（GB 50026—2020）。

图根点或测站点的精度要求，以相对于邻近控制点的中误差大小来衡量，其点位中误差不应超过图上 ±0.1 mm；其高程中误差不应超过测图基本等高距的 1/10。

图根控制测量采用导线、交会定点等方法加密，并保证点数 150 个 /km²（换算成 7～8 个 / 幅），地形复杂地区应根据测图需要适当增加点数。

③控制网布设要求：分级布设控制网；采用交会法、全站仪支点法等方法进行图根加密；控制网布设方法应因地制宜，满足测量要求。

（2）收集资料及测前准备。

①收集资料。

a. 收集测区已有的控制测量成果和地形图资料。

控制测量资料包括成果表、点之记、展点图、成果的精度。

收集的地形图资料包括测区范围内 1∶10 000 比例尺地形图、坐标系统。

b. 准备相应的规范：《工程测量规范》（GB 50026—2020）、《1∶500，1∶1 000，1∶2 000 地形图图式》（GB/T 7929）。

c. 了解测区其他情况。了解测区内行政划分、社会治安、交通运输、物资供应、风俗习惯、气象、地质等情况。

②现场踏勘、选点及埋石。

携带收集到的测区地形图、控制展点图、点之记等资料到现场踏勘。

a. 踏勘主要了解以下内容。

原有的三角点、导线点、水准点的位置，了解觇标、标石和标志的现状，其造标埋石的质量，以便决定有无利用价值。

原有地形图是否与现有地物、地貌相一致，着重踏勘增加了哪些建筑物，为控制网图上设计做准备。

调查测区内交通现状，以便确定合理的高程测量方案，测量时选择适当的交通工具。

b. 埋建测量标志。

选点是把图上设计的点位落实到实地，并根据具体情况进行修改。边角网点选在通视良好、交通方便、地基稳定且能长期保存的地方。视线要避开障碍物。

选点工作要求：点位要求——稳定，视野开阔，便于架设仪器及观测。

密度要求——图根点的密度为 150 个 /km²（1∶1 000）。

通视状况——每个点至少要求有两个点通视，以便以后定向和检查。

c. 首级控制点和要长期保存的各级控制点可埋设地面标石或地面标志。

埋设地面标石是将灌制好的嵌有金属中心标志的标石浇筑埋设于地面，待标桩稳定后才能开始观测。

标石埋设应符合下列规定：稳固耐久，保持垂直方向的稳定；标石的底部埋设在冻土层以下，并浇灌混凝土基础；水准点可以利用基岩或在坚固的永久性建筑物上凿埋标志。点位埋设好了之后，做好点之记。

③仪器检校。按规范要求在控制测量作业前对准备使用的仪器和配套的器具进行检定和校准。（必需）

a.经纬仪的检验和校正：照准部水准部应垂直于竖轴；十字丝竖丝应垂直于横轴；视准轴应垂直于横轴；横轴应垂直于竖轴；竖盘指标值；光学对中器。

b.水准仪的检验和校正：圆水准器的水准轴应与仪器的旋转轴平行；十字丝横丝应与仪器旋转轴垂直；i 角检验；水准尺零点差。

c.大平板仪的检验和校正：平板仪指标差值。

（3）外业观测。

①角度观测。角度观测一般采用方向观测法进行（见表 4-2）。

表 4-2　图根三角网水平角观测的各项限差

仪器类型	测回数	测角中误差	半测回归零差	方位角闭合差	三角形闭合差
DJ6	1	$\leq \pm 20''$	$\leq \pm 24''$	$\leq \pm 40'' \sqrt{n}$	$\leq \pm 60''$

注：n 为测站数。

学生在实习时，为防止出现大量返工，要求测回数为 2 测回（见表 4-3）。

②距离测量。距离测量采用全站仪。

表 4-3　图根光电测距导线测量的技术要求

比例尺	附合导线长度（m）	平均边长（m）	导线相对闭合差	方位角闭合差	测回数
1：500	900	80	$\leq 1/4\,000$	$\leq \pm 40'' \sqrt{n}$	2

注：n 为测站数。

a.测距注意事项。

测线宜高出地面和离开障碍物 1.3 m 以上，以减小折光影响。

测线避免通过发热体（如散热塔、烟囱等）和较宽水面上空。

测站应避开受电、磁场干扰的地方，应离开高压线 5 m 以外。

测距时避免背景部分有反光物体。

在大气稳定和成像清晰的条件下观测，雾、雨、雪天气不宜观测。

避免暴晒、淋湿仪器，严禁镜头对向太阳。

测站、镜站不准离人；手机、对讲机应远离测线使用。

仪器高和棱镜高的量取位置一定要正确。仪器高是标面至测距仪示高点的高度；棱镜高是标面与棱镜中心（镜框上有标志线）的高度，不是测垂直角（或天顶距）照准的觇牌标志线的高度。

b. 边长计算。

检查外业记录，摘抄计算数据。

平均平距：计算出往返测改正后距离的中数。

③高程测量。

a. 水准测量。

首先，方案设计。根据测量实习任务和水准测量规范的要求，结合测区实际情况在地形图上拟订出合理的水准网和水准路线布设方案。水准路线尽可能采用附合水准路线，慎重使用闭合路线，不允许使用支线水准。

其次，选点和埋石。水准点的位置应能保证埋设标石的稳定、安全和长期保存，并便于观测。水准点可直接采用图根导线点，也可另行埋设水准点标石。埋石按规范要求的规格进行水准标石的制作和埋设。

再次，水准仪和水准尺检校。按《国家三、四等水准测量规范》（GB/T 12898—2009）要求的检校项目和方法，在测前、测后对水准仪和水准标尺进行检校。

最后，四等水准测量。四等水准使用 S3 型水准仪和木质双面水准尺进行往返观测，其各项要求如表 4-4 所示。每站的观测程序都是后—前—前—后。

表 4-4　四等水准测量各项要求

标　尺	视　距	前后视距差	视距累积差	视线高度
双面水准尺	≤ 80 m	≤ 5.0 m	≤ 10.0 m	三丝能读数

当成像清晰时，视线长度可放宽到 1.2 倍。

每测段的往测和返测的测站数应为偶数，由往测转向返测时，两根水准尺应互换位置，并应重新整置仪器。

四等水准测量测站观测限差如表 4-5 所示。测站观测超限时，在本站观测时发现，应立即重测；迁站后发现，则应从水准点或间歇点开始重测。

表 4-5　四等水准测量测站观测限差

黑红面读数差	黑红面高差	间歇点高差
3.0 mm	5.0 mm	5.0 mm

野外测量时应采用尺垫，水准尺立在尺垫上。

b. 三角高程测量。

三角高程测量是建立高程控制网的方法之一。在实际作业中，可以把测水平角、垂直角和测距同时进行，一次性完成平高控制。

首先，测高程起算点。用四等水准测量的方法从等级水准点向若干个三角点引测水准高程，这些高程点作为三角高程的起算点。

其次，垂直角观测。垂直角观测方法有中丝法和三丝法两种，用中丝法应观测 2 测回，用三丝法应观测 1 测回，其相应技术要求及规定如表 4-6 所示。

表 4-6　垂直角观测技术要求及规定（对应一、二、三级导线）

观测方法	测回数	垂直角测回差	指标差较差
中丝法（DJ6）	2	25″	25″
三丝法（DJ6）	1	25″	25″

最后，仪器高和觇标高的测定。仪器高和觇标高可以直接用钢尺量至 5 mm，量测两次，取中数记入手簿中。

c. 高差计算：检查外业观测资料；绘制计算略图；抄录手簿数据；分别计算往、返测高差、环线或附合水准路线闭合差、各边高差中数；计算平差（简易平差）；抄录成果表。

（4）控制测量内业计算。

①资料准备。画出平面控制网的示意图，标上真实点名，并标出已知点、已知方向和固定边；把已知数据、观测等级、测距仪精度等抄记在示意图上；抄上水平角、距离，并按顺序编号。

②平差计算。采用简易平差计算方法，每组必须由两人独立进行计算。当两套计算资料完全相符时，才可将成果资料用于下一步的展点工作。

③整理资料。整编平面控制测量的原始记录手簿、测站平差资料、边长改算资料、展点图、点之记、对算资料、精度数据、成果表以及技术设计、技术总结、验收报告。

（5）地形测量方法及要求（见图 4-2）。

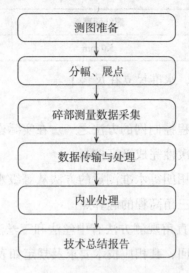

图 4-2　野外地形测量流程图

①地形图分幅及展点。地形图分幅采用矩形分幅方式，图面大小为 50 cm × 50 cm，展点时首先要确定控制点所在的方格，按照比例尺进行缩小，用圆规尖脚刺在聚酯薄膜上，依次刺好所要的控制点后，再检查各相邻点之间的距离，和已知的边长进行比较，最大误差不得大于图上 0.3 mm。

②测站点的设置。

a. 测站点应尽量采用图根控制点，特别困难的地区可以在测图过程中根据需要，采用图解导线、图解前方交会等方法增加测站点。

b. 仪器对中误差不得超过图上 0.05 mm，以较远的一点定向时用其他的点进行检核，检核的偏差不得大于图上 0.3 mm，采用经纬仪测绘时，其角度检测值与原角度值之差不应大于 2′。

c. 每站测图过程中，应随时检查定向点方向，采用平板仪测图时，偏差不应大于图上 0.3 mm，采用经纬仪测绘时，归零差不应大于 4′。

d. 检查另一测站点高程时，其较差不应大于 1/5 基本等高距。

③碎部点测量。

a. 施测碎部点可采用极坐标法，支距法或方向交会法，在街坊内部设站困难时，也可采用几何作图等综合方法进行。

地物点、地形点视距和测距最大长度应符合表 4-7 的规定。

表4-7 地物点、地形点视距和测距的最大长度

比例尺	视距最大长度（m）		测距最大长度（m）	
	地物点	地形点	地物点	地形点
1：500		70	80	150
1：1 000	80	120	160	250

b.高程注记点的分布应符合下列规定：基本等高距为 0.5 m，高程注记应注至厘米；基本等高距大于 0.5 m 时可注至分米，字朝北向。

地形图上高程注记应分布均匀，丘陵地区高程注记点间距如表4-8所示。

表4-8 丘陵地区高程注记点间距

比例尺	1：500	1：1 000
高程注记点间距	15 m	30 m

注：平坦地区可放宽至 1.5 倍。地貌变化大的区域应适当加密。

c.用计算器计算水平距离和碎部点高程。

测站点至立尺点水平距离：

$$S = KL \cdot COS^2\alpha \qquad (4-1)$$

式中：K——视距乘常数，通常为 100；L——两视距丝间标尺读数差；α——垂直角。

立尺点高程：

$$H = H_0 + i - v \qquad (4-2)$$

式中：H_0——测站点高程；i——仪器高，H_0+i 即为视线高；v——中丝读得的切尺数。

d.在测绘地物、地貌时，应遵守"看不清不绘"的原则。地形图上的线画、符号和注记应在现场完成。

④全站仪测记法。

a.设站：对中整平，量仪器高；输入气温、气压、棱镜常数；建立（选择）文件名；输入测站坐标、高程及仪器高；输入后视点坐标（或方位角），瞄准后视目标后确定。

b.检查：测量 1 个已知坐标的点的坐标并与已知坐标对照（限差为图上 0.1 mm）；测量 1 个已知高程的点的高程并与已知高程比较（限差为 1/10 基本等高距）；如果前两项检查都在限差范围内，便可开始测量，否则检查原因重新设站。

c.立镜：依比例尺地物轮廓线折点，半依比例尺或不依比例尺地物的中心位置和

定位点。

d. 观测：在建筑物的外角点、地界点、地形点上竖棱镜，回报镜高；全站仪跟踪棱镜，输入点号和改变的棱镜高，在坐标测量状态下按测量键，显示测量数据后，输入测点类型代码后存储数据。继续下一个点的观测。

e. 皮尺量距：对于那些本站需要测量而仪器无法看见的点，可用皮尺量距来确定点位；半径大于 0.5 m 的点状地物，如不能直接测定中心位置，应测量偏心距，并在草图上注明偏心方向；丈量的距离应标注在草图上。

f. 绘草图：现场绘制地形草图，标上立镜点的点号和丈量的距离，房屋结构、层次，道路铺材，植被，地名，管线走向、类别等。

草图是内业编绘工作的依据之一，应尽量详细。

g. 检查：测量过程中每测量 30 点左右及收站前，应检查后视方向，也可以在其他控制点上进行方位角或坐标、高程检查。

h. 数据传输：连接全站仪与计算机之间的数据传输电缆；设置超级中端的通信参数与全站仪的通信参数一致；全站仪中选择要传输的文件和传输格式后按发送命令；计算机接收数据后以文本文件的形式存盘。

i. 数据转换：通过软件将测量数据转换为成图软件识别的格式。

j. 编绘：在专业软件平台（CASS 6.0 及其升级版本）下进行地形图编绘，具体操作依照软件使用说明进行。

k. 建立测区图库，图幅接边，必要时输出成图。

l. 注意：每次外业观测的数据应当天输入计算机，以防数据丢失；外业绘制草图的人员与内业编绘人员最好是同一个人，且同一区域的外业和内业工作间隔时间不要太长。

（6）地形测量测绘内容及取舍原则。地形图应表示测量控制点、居民地和垣栅、工矿建筑物及其他设施、交通及附属设施、管线及附属设施、水系及附属设施、境界、地貌和土质、植被等各项地物、地貌要素，以及地理名称注记等。并着重显示与测图用途有关的各项要素。

地物、地貌的各项要素的表示方法和取舍原则，除应按现行国家标准地形图图式执行外，还应符合如下有关规定。

①测量控制点测绘。测量控制点是测绘地形图和工程测量施工放样的主要依据，在图上应精确表示。

各等级平面控制点、导线点、图根点、水准点，应以展点或测点位置为符号的几何中心位置，按图式规定符号表示。

②居民地和垣栅的测绘。居民地的各类建筑物、构筑物及主要附属设施应准确测绘实地外围轮廓和如实反映建筑结构特征。

房屋的轮廓应以墙基外角为准，并按建筑材料和性质分类，注记层数。1：500，临时性房屋可舍去。

建筑物和围墙轮廓凸凹在图上小于 0.4 mm，简单房屋小于 0.6 mm 时，可用直线连接。

1：1000 比例尺测图，房屋内部天井宜区分表示。

测绘垣栅应类别清楚，取舍得当。城墙按城基轮廓依比例尺表示；围墙、栅栏、栏杆等可根据其永久性、规整性、重要性等综合考虑取舍。

台阶和室外楼梯长度大于图上 3 mm，宽度大于图上 1 mm 的应在图中表示。

永久性门墩、支柱大于图上 1 mm 的依比例实测，小于图上 1 mm 的测量其中心位置，用符号表示。重要的墩柱无法测量中心位置时，要量取并记录偏心距和偏离方向。

建筑物上突出的悬空部分应测量最外范围的投影位置，主要的支柱也要实测。

③交通及附属设施测绘。交通及附属设施的测绘，图上应准确反映陆地道路的类别和等级，附属设施的结构和关系；正确处理道路的相交关系及与其他要素的关系；正确表示水运和海运的航行标志，河流和通航情况及各级道路的通过关系。

公路与其他双线道路在图上均应按实宽依比例尺表示。公路应在图上每隔 15～20 mm 注出公路技术等级代码，国道应注出国道路线编号。公路、街道按其铺面材料分为水泥、沥青、砾石、条石或石板、硬砖、碎石和土路等，应分别以砼、沥、砾、石、砖、碴、土等注记于图中路面上，铺面材料改变处应用点线分开。

路堤、路堑应按实地宽度绘出边界，并应在其坡顶、坡脚适当测注高程。

道路通过居民地不宜中断，应按真实位置绘出。高速公路应绘出两侧围建的栅栏（或墙）和出入口，注明公路名称。中央分隔带视用图需要表示。市区街道应将车行道、过街天桥、过街地道的出入口、分隔带、环岛、街心花园、人行道与绿化带绘出。

桥梁应实测桥头、桥身和桥墩位置，加注建筑结构。

大车路、乡村路、内部道路按比例实测，宽度小于图上 1 mm 时只测路中线，以小路符号表示。

④管线测绘。永久性的电力线、电信线均应准确表示，电杆、铁塔位置应实测。

当多种线路在同一杆架上时，只表示主要的。城市建筑区内电力线、电信线可不连线，但应在杆架处绘出线路方向。各种线路应做到线类分明，走向连贯。

架空的、地面上的、有管堤的管道均应实测，分别用相应符号表示。并注明传输物质的名称。当架空管道直线部分的支架密集时，可适当取舍。地下管线检修井宜测绘表示。

污水箅子、消防栓、阀门、水龙头、电线箱、电话亭、路灯、检修井均应实测中心位置，以符号表示，必要时标注用途。

⑤水系测绘。江、河、湖、水库、池塘、泉、井等及其他水利设施，均应准确测绘表示，有名称的加注名称。根据需要可测注水深，也可用等深线或水下等高线表示。

河流、溪流、湖泊、水库等水涯线，按测图时的水位测定，当水涯线与陡坎线在图上投影距离小于 1 mm 时以陡坎线符号表示。河流在图上宽度小于 0.5 mm、沟渠在图上宽度小于 1 mm（在 1∶2 000 地形图上小于 0.5 mm）的用单线表示。

水位高及施测日期视需要测注。水渠应测注渠顶边和渠底高程；时令河应测注河床高程；堤、坝应测注顶部及坡脚高程；池塘应测注塘顶边及塘底高程；泉、井应测注泉的出水口与井台高程，并根据需要注记井台至水面的深度。

⑥地貌和土质的测绘。地貌和土质的测绘，图上应正确表示其形态、类别和分布特征。

自然形态的地貌宜用等高线表示，崩塌残蚀地貌、坡、坎和其他特殊地貌应用相应符号或用等高线配合符号表示。

各种天然形成和人工修筑的坡、坎，其坡度在 70° 以上时表示为陡坎，70° 以下时表示为斜坡。斜坡在图上投影宽度小于 2 mm，以陡坎符号表示。当坡、坎比高小于 1/2 基本等高距或在图上长度小于 5 mm 时，可不表示，坡、坎密集时，可以适当取舍。

梯田坎坡顶及坡脚宽度在图上大于 2 mm 时，应实测坡脚。当 1∶2 000 比例尺测图梯田坎过密，两坎间距在图上小于 5 mm 时，可适当取舍。梯田坎比较缓且范围较大时，可用等高线表示。

坡度在 70° 以下的石山和天然斜坡，可用等高线或用等高线配合符号表示。独立石、土堆、坑穴、陡坡、斜坡、梯田坎、露岩地等应在上下方分别测注高程或测注上（或下）方高程及量注比高。

各种土质按图式规定的相应符号表示，大面积沙地应用等高线加注记表示。

⑦植被的测绘。地形图上应正确反映出植被的类别特征和范围分布。对耕地、园地应实测范围，配置相应的符号表示。大面积分布的植被在能表达清楚的情况下，可采用注记说明。同一地段生长有多种植物时，可按经济价值和数量适当取舍，符号配制不得超过三种（连同土质符号）。

旱地包括种植小麦、杂粮、棉花、烟草、大豆、花生和油菜等的田地，经济作物、油料作物应加注品种名称。有节水灌溉设备的旱地应加注"喷灌""滴灌"等。一年分几季种植不同作物的耕地，应以夏季主要作物为准配置符号表示。

田埂宽度在图上大于 1 mm 的应用双线表示，小于 1 mm 的应用单线表示。田块内应测注有代表性的高程。

⑧注记。要求对各种名称、说明注记和数字注记准确注出。图上所有居民地、道路、街巷、山岭、沟谷、河流等自然地理名称，以及主要单位等名称，均应调查核实，有法定名称的应以法定名称为准，并应正确注记。

地形图上高程注记点应分布均匀，丘陵地区高程注记点间距为图上 2 ～ 3 cm。

山顶、鞍部、山脊、山脚、谷底、谷口、沟底、沟口、凹地、台地、河川湖池岸旁、水涯线上以及其他地面倾斜变换处，均应测高程注记点。

基本等高距为 0.5 m 时，高程注记点应注至厘米；基本等高距大于 0.5 m 时可注至分米。

⑨地形要素的配合。当两个地物中心重合或接近，难以同时准确表示时，可将较重要的地物准确表示，次要地物移位 0.3 mm 或缩小 1/3 表示。

独立性地物与房屋、道路、水系等其他地物重合时，可中断其他地物符号，间隔 0.3 mm，将独立性地物完整绘出。

房屋或围墙等高出地面的建筑物，直接建筑在陡坎或斜坡上且建筑物边线与陡坎上沿线重合的，可用建筑物边线代替坡坎上沿线；当坡坎上沿线距建筑物边线很近时，可移位间隔 0.3 mm 表示。

悬空建筑在水上的房屋与水涯线重合，可间断水涯线，房屋照常绘出。

水涯线与陡坎重合，可用陡坎边线代替水涯线；水涯线与斜坡脚线重合，仍应在坡脚将水涯线绘出。

双线道路与房屋、围墙等高出地面的建筑物边线重合时，可以建筑物边线代替道路边线。道路边线与建筑物的接头处应间隔 0.3 mm。

地类界与地面上有实物的线状符号重合，可省略不绘；与地面无实物的线状符号（如架空管线、等高线等）重合时，可将地类界移位 0.3 mm 绘出。

等高线遇到房屋及其他建筑物，双线道路、路堤、路堑、坑穴、陡坎、斜坡、湖泊、双线河以及注记等均应中断。

（五）注意事项

（1）实习中，学生应遵守仪器的正确使用和管理的有关规定。不得违反仪器的操作步骤或对仪器故意破坏。

（2）实习期间，各实习小组组长应认真负责、合理安排小组工作，应使小组中各成员的各个工种都能参与进行，使每个组员都有机会练习。不得单纯追求进度。

（3）实习中，各实习小组间应该加强团结，组内成员应相互理解和尊重，团结协作，共同完成实习任务。不得有打架斗殴现象发生，不得故意闹情绪等。

（4）实习期间要注意人员和仪器的安全，各组要指定专人看管各台套仪器和工具，尤其是对于电子仪器设备应有相应的保护措施，如防止太阳照射，雨水淋湿等。每天实习完成回来之前应对所带出的仪器进行清点，有问题应向指导教师如实汇报。

（5）观测期间应将仪器安置好，由于不正确的操作使得仪器有任何损坏，则由组内成员共同负责赔偿，注意行人和车辆对仪器的影响。出现问题应向指导教师汇报，不得私自拆卸仪器。

（6）所有的观测数据必须直接记录在规定的手簿中，不得将野外观测数据转抄，严禁涂改、擦拭和伪造数据，在完成一项测量工作之后，必须现场完成相应的计算和整理数据工作，妥善保管好原始的记录手簿和计算成果。

（7）个人每天要求记录实习笔记，测量要求必须满足《工程测量规范》（GB 50026—2020）要求，按实习计划完成各组实习任务。

（8）实习纪律及要求。

实习期间，同学必须听从指导教师的工作安排，实习工作以小组责任制。

各班班干部及党员应积极配合老师进行日常管理工作。

不得损坏实习基地财物及公共设施等。

不得偷窃当地农民的瓜果蔬菜等，应和当地居民保持良好关系。

遇特殊情况，同学不得起哄，有事应由老师出面进行协调解决，听从老师建议。

实习期间，严格遵守实习所要求的纪律，不得与当地老百姓发生任何冲突，未经指导教师同意，不得离开实习小组。不得私自外出和下河游泳，否则后果自负。

违反上述规定者，视情节轻重进行处理；违反（4）、（6）条者，除按学校相关规定处理外，本次实习成绩以0分计。

（六）实习报告要求

（1）仪器检校记录、导线测量、水准测量、三角高程测量记录手簿。

（2）导线计算表、交会计算、水准和三角高程计算表。

（3）仪器检校结果、控制点成果表、控制点展点图。

（4）1 : 500 地形图、草图或数字地图（小组为单位）。

（5）实习报告。

实习结束后，每个学生必须撰写一份实习报告。分班分组上交给指导老师，实习报告格式和内容如下（参考）。

①封面：实习地点和名称、起止日期、班级、组号、姓名学号、指导教师。

②前言：简述本次实习的目的、任务及要求。

③实习内容：实习项目、测区概述、作业方法、技术要求、相关示意图（导线略图、交会图等）、实习成果及评价。

④实习总结：主要介绍实习中遇到的技术问题、处理方法、创新之处以及自己的独特见解，对实习的建议和意见，本组和本人在实习中主要做了哪些相应的工作及在实习中的收获。全文字数要求不得少于 7 000 字。

（七）成绩评定（实习考核及成绩评定方法）

（1）实习成绩按百分制。

（2）评定成绩主要参考项。

实习表现：主要有出勤率、实习态度、是否守纪、仪器爱护情况等。

操作技能：主要有对仪器的熟练程度、作业程序是否符合规范等。

成果质量：各种记录手簿是否完整、书写工整、数据计算成果是否正确、地形图表现情况等。

实习考核：主要是理论抽考、实际操作、计算考核。

实习报告：编写格式和内容符合要求、文字水平、解决问题分析问题能力及见解和建议等方面。

（3）奖罚措施。

实习期间不管任何原因发生仪器损坏情况，该组承担相应的责任并成绩降低处理，各组承担连带责任并适当降低分数处理。

实习期间违反实习纪律，实习时间未达到一半以上者；发生打架斗殴事件，私自离开实习基地；实习成果和实习报告不交或不全者视成绩为 0 分处理。

加分：实习当中提出可行性、合理性建议者可适当加分；实习期间协助指导教师完成管理工作者可适当加分；提前按质保量完成的实习小组可适当加分。

二、大比例尺地形图的测绘

（一）实习的性质与目的

测量实习属于集中实践环节，其目的是使学生熟练掌握经纬仪、水准仪、全站仪的正确操作方法，掌握经纬仪小平板测绘地形图的方法。测量实习的先修课程为测量学或工程测量，应具备测量的基本知识，为后继专业课的学习打下基础。

（二）实习的时间分配

实习时间根据各高校人才培养方案进行调整，具体安排如表4-9、表4-10所示。

表4-9　实习方案一

序　号	实习教学工作内容	起止时间	教学工作目标、要求
1	实习动员，任务安排，借领仪器工具	0.5 天	实习分组，各小组明确实习目的和任务
2	测区踏勘选点，布设图根控制网	0.5 天	布设图根控制网
3	控制测量及内业计算	3 天	实施控制测量且符合精度要求
4	图纸准备及碎部测量，地形图清绘和整饰	5 天	大比例尺地形图测绘
5	地形图检查、成果整理，归还仪器	1 天	整理实习数据及资料
合计		10 天 /2 周	

注：如有返工，则利用休息时间。

表4-10　实习方案二（4～5周）

序　号	实习教学工作内容	起止时间	教学工作目标、要求
1	实习动员，任务安排，借领仪器工具	0.5 天	实习分组，各小组明确实习目的和任务
2	测区踏勘选点，布设图根控制网	0.5 天	布设图根控制网
3	控制测量及内业计算	10 天	实施控制测量且符合精度要求
4	图纸准备及碎部测量，地形图清绘和整饰	7 天	大比例尺地形图测绘
5	地形图检查、成果整理，归还仪器	2 天	整理实习数据及资料
合计		20 天 /4 周	

注：如有返工，则利用休息时间。

（三）实习地点选择

校内（或者校外实习基地）

（四）实习内容安排与要求

1. 实习分组安排

实习小组 4～5 人，选一人为组长。每组配备：DJ6 电子经纬仪 1 台，DS20 自动安平水准仪 1 台，全站仪 1 台（班级轮流使用，主要用来测距离），水准尺 2 根，尺垫 2 个，竹竿架 2 副，量角器 1 个，三角板 1 副，聚酯薄膜图纸 1 张（60 cm×60 cm），有关记录手簿，胶带纸等，各组自备计算器。

2. 实习内容安排

在测区布设平面和高程控制网，测定图根控制点，进行碎部测量，测得地物和地形特征点，依测图比例尺和图式符号进行描绘。

（1）控制测量。

①平面控制测量。

a. 布设控制网：在测区实地踏勘，选点。点之间必须通视良好，便于架设仪器观测，便于量边；一般布成闭合或附和导线，连接到已知控制点上；所选点位要求在测区内分布均匀，根据其范围一般布设 5～7 个点，点相邻间距为 50 m 左右；点位确定后用木桩或油漆在实地上标定并编号，一般用木桩确定地面点位时，要在桩顶钉上小钉，表示其准确位置。

b. 水平角观测：每个控制点上用 DJ6 电子经纬仪观测 1 测回。上下半测回角度之差不能超过 $\pm 40''$，角度闭合差不能超过 $\pm 60''\sqrt{n}$，n 为测角数。

c. 边长测量：一般采用往返测方法，测定的边长相对精度的限差为 1/2 000。可用全站仪测定边长。

测区如设有已知控制点可采用地区独立坐标系统。闭合导线必须有两个已知点；附和导线必须有四个已知点。

d. 内业计算：外业观测数据检查、整理好后，进行内业计算。角度闭合差的分配为平均分配，坐标增量闭合差的分配为正比例分配，图根导线容许的相对闭合差 $K_{容}$= 1/2 000，超限重测。精确到毫米。

②高程控制测量。

a. 高程控制布设：一般高程控制点布设采用闭合水准路线或附和水准路线，其中闭合水准路线必须有 1 个已知高程控制点，附和水准路线必须有 2 个已知高程控制点。

b. 施测方法：用 DS20 自动安平水准仪沿选定的水准路线单程施测。各站采用双面尺法进行观测。

c. 图根水准测量技术要求：视线长度小于 100 m，前后视距差不超过 ±3 m，前后视距累计差不超过 ±10 m，黑、红面读数差（K＋黑－红）不得超过 ±4 mm，黑红面高差不超过 ±6 mm。路线允许高差闭合差为 $\pm 40\sqrt{L}$（mm）或 $\pm 12\sqrt{n}$（mm），L 为以公里为单位的单程路线长度，n 为测站数，闭合差不超限差时的分配为正比例分配。超限时重测。计算到毫米。

（2）碎部测量。

①准备工作。在聚酯薄膜图纸打毛的一面，采用对角线法或坐标格网尺法，用 3H～5H 的绘图铅笔打 40 cm×50 cm 的图纸，图纸里面打 10 cm×10 cm 的小正方格。网线需用磨尖的硬铅笔绘出，线粗不能超过 ±0.1 mm，其边长与理论值之差不能超过 ±0.2 mm，其对角线与理论值之差不能超过 ±0.3 mm。合格后开始展绘控制点。

按比例尺展绘控制点并应该注记点号及高程，例如 $\odot\dfrac{A}{1523.875}$。所有控制点展绘出以后，应当用比例尺在图上量取相邻点间的距离，和已知的边长比较，误差不得超过图上 ±0.3 mm，超限应重新展点。如果测图控制点不够测图，可采用支导线的方法增设测站。一般采用极坐标法支出 1～2 个点，或用交会方法测定支点，注意支点不要超过 3 个，因没有检查项，所以也尽量不用连支。

②碎部测量。碎部测量主要采用经纬仪小平板测图（极坐标法）。此法是将经纬仪安置于测站上，将绘图板安置于测站旁，用经纬仪测定碎部点的方法与已知方向之间的夹角，用视距法测定测站到碎部点的平距和高差，然后根据测定数据按极坐标法用量角器和比例尺把碎部点的平面位置展绘在图纸上，并在点位的右侧注明高程。对照地物形状勾绘地形图，优点是在现场边测边绘，便于检查碎部有无遗漏及观测，计算绘图有无错误，非常直观、方便。

具体操作顺序如下：安置仪器，测站对中整平，量取仪器高；定向，瞄准与测站点相邻的图根控制点，置水平度盘读数为 0° 00′ 00″；立尺依次标定地物和地貌的特征点，观测时依次在尺上读取上、中、下三丝（也可直接读出视距），竖盘读数和水平度盘读数；由于展图用量角器秒判别不出来，水平度盘读数只读到分即可，记录时在备注栏依次对地物点和重要的地貌点加以说明，如房角、电杆、山顶等。计算用电子计算器，其公式为

$$D = 100(a-b)\cos 2\alpha = 100n\cos 2\alpha \qquad (4\text{-}3)$$

式中：D——水平距离；$(a-b)$ 或 n——视距；α——竖直角。

$$h = D\tan\alpha + i - 1 \qquad (4\text{-}4)$$

式中：h——高差；i——仪器高；l——中丝读数。

在碎部测量时还可根据地形的实际状况采用直角坐标法、方向交会法、距离交会法等，具体方法参照教材，在此不再复述。

绘图员根据水平角和平距按极坐标方法将碎部点展绘图上，用细针将量角器圆心插在图纸上测站处，转动量角器使量角器上某一角度值（测站到碎部点方向与零方向的所夹之水平角）对准零方向，再用量角器直径的长度刻画，根据平距 D 展绘出该点的位置。地形点间距为 30 m，视距长度一般不超过 80 m，高程注记至分米，注记符号和文字，字头朝北（图纸上方），等高距取 0.5 m。所有地形、地物应在测站上现场绘制完成。

（3）地形图的检查、清绘与整饰。

①地形图的检查。先进行图面检查，查看连线是否矛盾，符号是否搞错，名称注记有无遗漏，等高线与高程点有无矛盾，有无遗漏。发现问题应记录，便于野外检查时核对。巡视检查，按拟定的路线作实地巡视，将原图与实地对照。仪器检查是在图面检查和巡视检查的基础上进行，在图幅范围内设站，一般采用散点法进行检查，即用与测图同样的方法在测站周围测定一些地物点和地形点比较点位和高程。

②地形图的清绘和整饰。经检查合格的铅笔原图再经清绘和整饰就得到清绘原图，清绘和整饰的顺序是先图内后图外，图内包括坐标格网、控制点、地物、注记、地貌符号、植被、等高线等，图外包括图名、图号、比例尺、平面坐标系、高程系统、施测单位等内容。

（五）注意事项

（1）爱护仪器工具，不得违章操作使用仪器。不准玩耍测量工具，各个小组领用的测量仪器设备要指派专人保管，责任到人，遗失、损坏仪器工具照价赔偿，情节严重者，报学校处理。

（2）实习期间，注意人身安全和仪器设备安全，不能占道测量，不许穿拖鞋、高跟鞋从事外业测量工作。

（3）听从教师指导，服从组长的工作分配安排，各司其职，各负其责。工作中出现的问题要及时解决，组内、组外加强沟通。出现矛盾时，要协商解决或找指导教师协调解决，不得吵闹打架。

（4）遵守实习时间，保证实习进度。因病请假须持有医院证明，请假必须经指导教师同意，不准请事假，组长负责考勤工作，并做好记录向教师报告，禁止利用实习时间外出游玩，无故半天以上不参加实习者按不及格处理。

（5）实习中的所有测量资料要妥善保管，完整上交。原始测量记录要求字迹工整，不得涂改，不得伪造成果。违者按照实习不及格处理。

（6）缺勤 1／3 按不及格计。

（六）实习报告要求

（1）小组应交的资料：技术总结报告书；碎部测量记录；1：500 比例尺的地形图。

（2）每人应交的资料：平面和高程控制测量外业记录，平面和高程控制测量的计算成果；实习总结。

（3）原始观测数据必须全部上交，观测记录计算正确无误。

（七）成绩评定（实习考核及成绩评定方法）

实习结束可进行必要的书面或实际操作考核，以学生在实习中的守纪情况、成果质量、工作表现和实际能力为主要考核标准，评定实习成绩，分优、良、中、及格和不及格五级。

参考文献

[1] 张雪松，梅新.测量学实验教程 [M].武汉：华中科技大学出版社，2012.

[2] 王卫红，段祝庚，王庆.测量学 [M].上海：上海交通大学出版社，2018.

[3] 张鑫，何习平.工程测量实践指导 [M].郑州：黄河水利出版社，2002.

[4] 汪金花等.测量学通用基础教程 [M].北京：测绘出版社，2020.

[5] 花向红，邹进贵.数字测图实验与实习教程 [M].武汉：武汉大学出版社，2009.

[6] 夏春玲，关红亮，陈剑锋.工程测量 [M].北京：中国铁道出版社，2015.